THE COGNITIVE BEHAVIORAL WORKBOOK FOR
ANXIETY

终结焦虑症

用认知行为疗法应对焦虑

| 原书第2版 |

（William J. Knaus）
〔美〕威廉·J.克瑙斯 著
吕晓志 译

A STEP-BY-STEP PROGRAM
2nd Edition

本书分为四个部分。第一部分介绍了焦虑和恐惧的世界。它将告诉你如何区分真实的恐惧与想象的恐惧，以及如何使用基本的认知、情绪和行为方式来克服它们。这一部分还会告诉你如何使用客观的自我观察技能打破焦虑的恶性循环，如何让焦虑不再继续升级，如何使用自我管理的方法获得提升，以及如何克服阻碍积极改变拖延障碍。第二部分展示了如何利用自然场景来获得宁静，如何放松你的身体，如何调节由认知触发的情绪，如何使用经典的ABCDE方法来对抗焦虑，以及如何使用一些重要的行为方法来克服恐惧。第三部分探讨了如何打破忧虑的模式，管理对不确定性的焦虑，平息不愉快的身体感觉，克服恐慌，对抗恐惧症，并利用混合的多模式来应对焦虑和恐惧。第四部分着眼于如何化解会引起焦虑的预期，战胜有害的拘束感，克服对自身的焦虑，从痛苦的社交焦虑中解脱，克服混合性焦虑和抑郁。

THE COGNITIVE BEHAVIORAL WORKBOOK FOR ANXIETY: A STEP-BY-STEP PROGRAM (2ND EDITION) by WILLIAM J. KNAUS

Copyright Ⓒ2014 BY WILLIAM J. KNAUS

This edition arranged with NEW HARBINGER PUBLICATIONS Through BIG APPLE AGENCY, LABUAN, MALAYSIA.

Simplified Chinese edition copyright Ⓒ2022 China Machine Press

All rights reserved.

北京市版权局著作权合同登记　图字：01-2021-4929号。

图书在版编目（CIP）数据

终结焦虑症：用认知行为疗法应对焦虑：原书第2版／（美）威廉·J.克瑙斯（William J. Knaus）著；吕晓志译. —北京：机械工业出版社，2022.5

书名原文：The Cognitive Behavioral Workbook for Anxiety: A Step-By-Step Program, 2nd Edition

ISBN 978-7-111-70623-6

Ⅰ.①终… Ⅱ.①威… ②吕… Ⅲ.①焦虑-心理调节-通俗读物　Ⅳ.①B842.6-49

中国版本图书馆CIP数据核字（2022）第077343号

机械工业出版社（北京市百万庄大街22号　邮政编码100037）
策划编辑：坚喜斌　　　　责任编辑：坚喜斌　刘怡丹
责任校对：李　伟　王　延　责任印制：李　昂
北京联兴盛业印刷股份有限公司印刷
2022年6月第1版第1次印刷
145mm×210mm·8.875印张·1插页·213千字
标准书号：ISBN 978-7-111-70623-6
定价：69.00元

电话服务　　　　　　　　网络服务
客服电话：010-88361066　机　工　官　网：www.cmpbook.com
　　　　　010-88379833　机　工　官　博：weibo.com/cmp1952
　　　　　010-68326294　金　书　网：www.golden-book.com
封底无防伪标均为盗版　机工教育服务网：www.cmpedu.com

对本书的赞誉

"这是一本优秀的指导用书,针对各种形式的焦虑问题提供了全面的改善方法,独辟蹊径地强调了焦虑与其常见的并发问题(如拖延症和决断困难)之间的联系。书中展示了如何对抗焦虑的认知行为疗法,如增强情绪容忍度,使用意象来放松,参与解决问题的行为,并提供了科学的方法以用于同时解决多种情绪问题。在书的每一章末尾都提供了'你的进度报告',以巩固已有成果。"

——珍妮特·沃尔夫(Janet Wolfe),博士,阿尔伯特·埃利斯研究所前执行主任,作为心理学家在该研究所任职35年,撰写或参与撰写多部著作,著有《他说头痛时我该怎么办》

"这本书非常精彩!科学合理,便于使用,又不失人文关怀,对焦虑症有深刻的理解,我将推荐我的患者阅读它。经常使用克瑙斯的这本书会缩短一些焦虑症患者的治疗时间。"

——巴里·卢贝金(Barry Lubetkin),博士,美国职业心理学委员会,纽约市行为治疗研究所主任和创始人

"克瑙斯能够简化和厘清复杂的科学观点,并将其形成易懂且实用的文本,这一点非常了不起。这本书可以使遭受过度焦虑困扰和常被相关问题困扰的非专业人士受益。作者还加入了关于冥想练习

的内容,这大大增强了该书的吸引力和效用。我由衷地推荐它。"

——约瑟夫·格斯坦(Joseph Gerstein),医学博士,美国内科医师协会会员,自我管理和康复训练(SMART)康复自助网络创始主任

"当我们努力适应变化的浪潮,强迫自己不断做得更好,并努力实现事业和生活的平衡时,会经常成为恐惧、焦虑和抑郁的牺牲品。克瑙斯在这里令人钦佩地提供了一种高度实用且有研究支撑的方法来解决这些心理障碍。这本书的读者将获得有效的工具和策略,从而得以把握生活,重获幸福,提升健康水平和生产力。对相关从业者而言,这本书也是宝贵而不可或缺的资源。"

——萨姆·克拉里奇(Sam Klarreich),心理学博士,美国伯克利效能中心和理性情绪疗法中心主任,参与撰写《无所畏惧地求职》一书

"认知行为疗法的基本原则之一是,个人的变化并不会在心理治疗室当场发生。相反,只有通过练习,即把治疗师为患者提供的洞见和策略融入日常生活,治疗才能真正取得成效。克瑙斯的《终结焦虑症:用认知行为疗法应对焦虑》(原书第2版)在这方面是难得的精品。它既是治疗师指导患者消除焦虑全过程的参考资料,也适合非专业人士用于独立应对焦虑。我将把它珍藏起来供自己使用,也会在手头经常备几本以供我的焦虑症患者作为辅助工具参考,并在我的自助研讨会上向参与者推荐它。"

——罗斯·格雷格(Russ Greiger),博士,美国弗吉尼亚州夏洛茨维尔私人诊所临床心理学家,参与撰写《无所畏惧地求职》一书

"仔细阅读《终结焦虑症:用认知行为疗法应对焦虑》(原书第2版)的每一页,将使所有真正想要深入问题核心的读者受益!这本书出色而全面地收录了我们的最新理念和研究所得的技巧。克瑙斯

在书中呈现了一个完整的和便于操作的方案，可用来战胜滋生焦虑的思维和习惯！"

——帕姆·加西（Pam Garcy），博士，美国得克萨斯州达拉斯市心理学家，著有《理性情绪行为疗法超级行动指南》

"克瑙斯在书中向读者讲述了焦虑的来源，阐明了大量合理的和基于实证的解决方案，让读者以循序渐进的方式来克服焦虑。对于正在与忧虑、焦虑、拖延和抑郁症斗争的人，我衷心地推荐《终结焦虑症：用认知行为疗法应对焦虑》（原书第2版）一书。如果你想要更好地控制情绪、放弃完美主义、战胜社交焦虑，那么克瑙斯的这本书就是为你而写的。"

——乔尔·布洛克（Joel Block），博士，美国霍夫斯特拉大学教授

"对于所有与焦虑做斗争并想真正学会减轻焦虑的人来说，这是一个神奇的工具。克瑙斯编撰了一本非常实用、清晰明了且有效的书，辅之以朗朗上口、易于记忆的诀窍，并基于阿尔伯特·埃利斯博士的理性情绪行为疗法理论，非常全面地介绍了抗焦虑的策略和技巧。我将向我所有的焦虑症患者推荐这本书。"

——罗伯塔·加尔鲁西奥·理查森（Roberta Galluccio Richardson），博士，英国伦敦斯隆医疗实践临床心理学家

"克瑙斯为读者提供了针对焦虑以及其可能造成的影响的最新且全面的描述。更重要的是，他为读者提供了必要和有价值的工具，以更好地应对和减轻现代人的压力和焦虑。我向普通人士和专业人士强烈推荐这本书。这本书真是精品！"

——阿伦·埃尔金（Allen Elkin），博士，美国纽约州纽约市私人执业医师，著有《傻瓜也能学会的压力管理》

"克瑙斯大获成功的《终结焦虑症：用认知行为疗法应对焦虑》如今又出了覆盖面更广的新版本。通过直接阅读我们就能感受到，这个新版本因爱而成。作为一名科学家和临床医生，克瑙斯在书中分享了他的临床见解和对焦虑研究的透彻理解。这本书精炼总结了许多应对焦虑的方法，帮助人们免受不必要的负面影响。它就像一座金矿，包含了应对多种焦虑的成熟方式和创新方法。想要减少或摆脱各式各样的焦虑和恐惧的自助者，都能在书中找到一种系统的方法来培养管控或摆脱焦虑所需的技能。"

——莱昂·波梅罗伊（Leon Pomeroy），博士，著有《价值心理学的新科学》；温迪·波梅罗伊（Wendy Pomeroy），医学博士，曾就职于美国司法部

"克瑙斯的《终结焦虑症：用认知行为疗法应对焦虑》（原书第2版）一书结构严谨，对焦虑的成因、克服或减少焦虑及其影响的方法都进行了深入的探讨。他在书中清楚地说明了克服焦虑的原则和具体步骤。此外，书的每一章都明确说明了针对不同成因的焦虑的实操步骤。书中解决'双重问题'的方法对我的客户和有类似问题的朋友都特别有用。很多时候，只要指出我们对焦虑有多'夸大'，就能立刻带来缓解，让人们把关注点放在产生焦虑的环境和原因上。我相信，所有与焦虑的不良影响做斗争的人将从书中深受裨益。"

——詹姆士·W. 汤普森（James W. Thompson），博士，工商管理学硕士，商业心理学家

"在新的修订版中，克瑙斯关于克服焦虑的方法变得更加全面，就像一个虚拟的一站式超市，包含了可用于克服焦虑和忧虑的信息、技巧、案例说明、专家秘诀和练习。无论你是期待更好的生活体验

的满脸愁容的人生旅客,还是在寻找有革新性和创造性的认知行为疗法的专业治疗师,这本书都能为你所用。克瑙斯的修订版进一步超越了自己!"

——艾略特·D. 科恩(Elliot D. Cohen),博士,著有《亚里士多德会怎么做?通过理性的力量进行自我控制》

"焦虑很普遍,几乎每个人都会不时地焦虑。焦虑阻止我们充分享受只有一次的生命。著名认知行为治疗师、作家克瑙斯总结了前沿的知识,为我们提供了应对焦虑的实用步骤。获取这些宝贵的智慧,我们可以从焦虑造成的痛苦中解脱。"

——桑杰·辛格(Sanjay Singh),医学博士,理性情绪行为疗法在印度的代表人物

"如果你想缓解并控制焦虑、忧虑、恐惧等情绪,苏格拉底的'认识你自己'的建议现在仍然有效。但如何做到这一点呢?即使是很小的行动也会有帮助,这本书由资深心理治疗师克瑙斯编写,书中的各种实用工具将为你提供指导,你可以立即用它来观察和管理自己的认知、情绪和行为。阿尔弗雷德·科日布斯基(Alfred Korzybski)是认知行为疗法的先驱,他说恐惧和抵触不是借口,你可以学会管理这些情绪。"

——布鲁斯·I. 科迪什(Bruce I. Kodish),著有《科日布斯基传》,与苏珊·普雷斯比·科迪什(Susan Presby Kodish)合著《让自己保持理智:非常规运用一般语义学》

"弗洛伊德区分了对损害和威胁我们生存之事物的恐惧(现实性焦虑)和所有其他的恐惧(神经性焦虑)。克瑙斯通过系统提供一系列的练习和书面进展报告,来减轻产生自我妨碍的非现实性焦虑。在从事了几十年认知行为治疗工作的基础上,克瑙斯提出了高度实

用和创造性的想法,来帮助人们通过自主学习来对抗焦虑,走向更平静、更舒适和更高效的生活。他提供的自助方法宝贵而且高度凝练。"

——理查德·L. 韦斯勒(Richard L. Wessler),博士,心理学荣誉教授,认知评估疗法创立者之一

"克瑙斯又做到了,他对畅销书《终结焦虑症:用认知行为疗法应对焦虑》进行了重要的修订。这不仅是一本自助指南,还可以作为大学心理咨询课程的教科书。这本书写得非常好,内容详尽,为身陷抑郁和焦虑困境的人们提供了清晰且循序渐进的解决方案。它要求读者参与进来,采取积极的行动,进而敦促其不断前进、不断改变。这本书是为那些愿意参与自己疗愈过程的人准备的(参与对整体的治疗至关重要)。作为一本教科书,它是真正理解认知行为疗法的基础资料,而认知行为疗法已被证明是当今最有效的治疗技术之一。阅读本书,你将一窥大师之思,因为克瑙斯本人对这一重要疗法的开创做出了巨大贡献。"

——理查德·斯普林特霍尔(Richard Sprinthall),博士,美国国际学院荣誉教授

"克瑙斯的《终结焦虑症:用认知行为疗法应对焦虑》(原书第2版)可以说是认知行为疗法发展中的一个里程碑。对于所有遭受焦虑之苦、身心健康和个人发展深受阻碍的人,它既体现了同情与关怀,也提供了学术援助。鉴于我个人对阿尔伯特·埃利斯等认知行为疗法开创者的了解,我相信他们也会为这本有益的书的出版而喝彩。"

——雷内·F. W. 迪克斯特拉(René F. W. Diekstra),博士,荷兰罗斯福米德尔堡大学学院心理学荣誉教授

前　言

我的祖父母是从瑞典移民到美国的,他们过去常告诉我:"忧虑会给一件小事笼罩上一个巨大的阴影。"我们很多思维习惯都是通过这种跨代的方式传递给我们的。我们学到的一些知识可以帮助我们应对生活;而学到的另一些知识,包括恐惧和焦虑等却往往具有破坏性。

阿尔弗雷德·阿德勒解释说,焦虑有一个目的:它是一种保护机制,它让我们吓唬自己不要做某些事。我们可以决定不做这些事,但是之后,我们可能不得不面对我们内心的情结,不得不承认自己有这些情结。焦虑这种机制的存在让我们不敢去尝试。这些模式经常在我们没有直接或间接地意识到时突然出现。

通常说来,焦虑会影响全球近1/3的人口。网络调查数据发现,仅"焦虑"一词的搜索就有近6000万条。不同的条目描述了不同的应对策略,范围很广,从药物到《圣经》的经文,从饮食到民间治疗。《终结焦虑症:用认知行为疗法应对焦虑》(原书第2版)一书的突出之处在于它提供了经过研究和实践证明有效的策略。它并没有承诺快速解决问题,而是教会我们如何对生活中的问题负起责任并不要再去苛责别人。正如克瑙斯所说:"责怪就像空气一样无处不在。"这本书提供了三个基本的措施来帮助人们克服焦虑问题:

1. 培养自己理性地看待负面思维和反应的能力（改变你的想法）。
2. 学会建立情绪宽容（增强你的情绪容忍度）。
3. 从行为上直面恐惧，并使自己对恐惧脱敏（采取行动）。

事实上，这些干预措施整合了认知、情绪和行动三个层面，这使读者可以利用各自的优势和偏好来应对焦虑。

消除身体焦虑的最快方法是做几次深度腹式呼吸。胸式呼吸似乎与焦虑的产生有关，而腹式呼吸则有助于焦虑的消除。如果你现在焦虑，那么慢慢等到你不焦虑时你的呼吸就会减慢。但如果你急于消除焦虑，那么你可以有意识地放慢呼吸的速度，体会焦虑的消失。

通过专注于呼吸，我们创造了一种宁静的感觉。我们可以学会接受面对恐惧的事实，学会充分感受恐惧，学会以一种防止恐惧干扰生活选择的方式行动，从而茁壮成长。

正如大卫·里秋所说："我们有时会感到害怕，这是一种正常的感觉，它可能是危险和威胁即将发生的真实信号。同时，我们有时也会无缘无故地感到害怕。我们对可能发生的事情的猜测和幻想让我们对可能永远不会降临在我们身上的事件和经历开始担忧。试图消除恐惧是没有用的，不管这种恐惧是现实中的还是想象中的。"

在本书修订版中，克瑙斯增加了一系列令人印象深刻且激励人们鼓起勇气面对焦虑和恐惧的技巧。克瑙斯还提供了当今研究焦虑的专家所贡献的几十个"专家贴士"。所有这些策略都植根于伟大的心理学家阿尔弗雷德·阿德勒、亚伦·贝克、阿尔伯特·埃利斯和阿诺德·拉扎鲁斯的著作，并且经受住了时间的考验。他们可以通过培养读者的勇气和自制力来帮助改变跨代学习模式。

自本书初版以来，心理学专业在短时间内取得了巨大进步。本书修订版仍然是那些希望学习尖端的焦虑治疗方法的治疗师以及他们的客户最宝贵的资源。它是一本帮助读者自己应对焦虑的书。读者不仅能学到如何消除焦虑和恐惧的方法，还能学会如何阻止焦虑反复出现的技巧。此外，这本书还提供了一套发展自我效率、找回内心平静、建立自信和自律、过上令人满意的生活的步骤。

  阅读这本珍贵的书时，我激起了自己心灵的力量。在书中，克瑙斯提出了许多有效的策略，可以让读者自己解决问题。这种类型的解决方案可让读者发展出更强的心理韧性和自我效能感。有了这本书的帮助，我们有可能逃离我们自己铸造的监狱。埃莉诺·罗斯福曾说过："你必须做你认为你不能做的事。"

乔恩·卡尔森

美国伊利诺斯州立大学心理学系教授

导　读

　　你是否有时会被焦虑和恐惧压倒，觉得痛苦总是接踵而至？你是否总把目标定得很高，却因害怕达不到而感到焦虑？你是否总是避开你害怕的东西，虽然明知这种恐惧是不必要的？

　　人一生中总会有些非理性的焦虑和恐惧，有些人的焦虑和恐惧会比一般人更多一些。这些焦虑有时就像反复出现的风暴。我们虽然无法左右天气变化，但可以改变焦虑与恐惧的强度、持续时间和发展曲线，并在这些方面大有可为。

　　罹患焦虑症不意味着你是个疯子。你可能只是有着敏感的恐惧信号系统，容易受惊。你可能会对心跳加快、出汗和紧张性头痛等症状感到焦虑或恐惧。但问题不在于你是否恐惧或焦虑，而在于你能做些什么来摆脱不必要的恐惧和焦虑。认知行为疗法（Cognitive Behavioral Therapy，CBT）对此很有效。

　　重点来了。你的认知（包括思想、心理意象、记忆）、情绪和行为是紧密关联的。其中一个的变化会影响其他方面。因此，如果你不再认为某个情况具有威胁性，那么你的焦虑就会减轻，从而可能愿意接近以前害怕的东西。这就是解决焦虑的方法。认知行为上的改变是相对持久的。

　　此时你可能会问：认知行为疗法能够对抗焦虑，有证据吗？

认知行为疗法的相关研究

过去40年里，认知行为疗法已经积累了强大的证据，证明了其对减轻和克服焦虑和抑郁等困扰的有效性。

- 元分析充分肯定了认知行为疗法的普遍有效性，特别是在对抗焦虑方面。
- 一项对269个认知行为疗法研究的元分析显示，认知行为疗法系统适用于许多问题，如药物滥用、抑郁和焦虑。结果指出，认知行为疗法是一种持续有力的减少焦虑的方法。
- 具体研究表明，你可以使用认知行为疗法来减少焦虑性穷思竭虑、减轻恐慌、克服社交焦虑以及调控大脑中的人工焦虑和恐惧生成网络。
- 认知行为疗法是一种大脑训练方法。在认知行为疗法训练之后我们可以观测到大脑功能和大脑结构的积极变化。
- 认知行为疗法系统可以高效地替代用于治疗焦虑症的抗焦虑和催眠药物，这类药物具有成瘾性，可能增加死亡率。
- 认知行为疗法被视为治疗焦虑症的黄金标准。

本书会提到包括一些文章和研究报告在内的参考文献。它们仅用作例证，而不能穷尽所有研究。这些文献为读者提供了可供参考的研究清单。它们为本书的观点提供证据。

阅读疗法

认知行为疗法的阅读疗法（通过阅读来治愈）是否有效？实验证明，有关认知行为疗法的自助书籍有助于减轻焦虑。好的心理学自助书籍由博士级的心理健康专家所著，书中针对具体的问题给出建议与指导。用书籍来指导人们应对焦虑症并发状况（如自我形象问题和对恐惧感的恐惧），可能成为未来趋势。

这种趋势已经到来。自主学习可以产生有利的结果，但要清楚个人有其局限性。在心理疗愈的路上，你并不孤独。适当的时候，应该向认知行为疗法治疗师或富有同情心的益友寻求帮助。

改变要以适合自己的速度进行。成功不在一夜之间。迅速的变化确实会发生，但只是例外，而不能当作常规。

"能力来源于实践；知识来自永远看世界的眼睛和工作着的双手；所有的知识都是力量。"通过采取行动解决问题来加深自我认识，才能真正发挥心理学自助方法的效用。

同时克服多种问题

大多数反复遭受焦虑和恐惧困扰的人同时也深受其他问题的困扰。这些困扰有些是相互联系的。仔细观察你的焦虑模式。你是否总感到无能为力？这种无力感伴随着焦虑、抑郁和创伤后休克。通过采取行动克服无力感，可以缓解与这种无力感有关的多种症状。

同样，你也可以用放松来解决焦虑问题。随着身体的平静，你的忧虑可能减轻。通过减少忧虑倾向，你也会感到不那么焦虑。换句话说，你往往可以通过采取所谓的跨诊断方法同时解决多种情绪问题，即一种干预措施可以治疗不止一种症状。

当然，我们要确定哪些干预措施可以在多个领域带来变化。关于跨诊断方法的研究，虽然仍处于起步阶段，但大有前途。

认知行为疗法是一种跨诊断方法，可以放心大胆地将其用于治疗焦虑症。例如，用于一种焦虑的认知行为疗法技巧可以同时缓解其他形式的焦虑。某些缓解焦虑的技术可以平息伴随的抑郁症状。

完美主义、焦虑和饮食失调常常伴随出现，解决完美主义可以对其他问题产生跨诊断效果。对威胁的过度敏感出现在许多形式的焦虑中，学会不再对压力过于敏感，可以减轻焦虑。

利用个别高效的干预措施治疗多种问题，似乎事半功倍。如果你克服了一种焦虑，但其他的焦虑仍然存在，该怎么办呢？例如，你不再害怕小动物，但仍然害怕公开演讲。

心理学家阿尔伯特·埃利斯的"ABCDE 方法㊀"是一种独创的跨诊断疗法，核心是改变消极思维和采取积极行动，适用于所有自我否定的认知、情绪和行为状况（见第 11 章）。如果你成功地用它来克服了一种焦虑，就可以把所学应用于另一种焦虑。随着对这种方法的掌握，你使用它的频率会降低，因为你要解决的焦虑问题减少了。

心理作业

心理作业是埃利斯的理性情绪行为疗法——认知行为疗法的基础系统的核心部分。心理作业是一种标准的认知行为疗法实践，一种适用于对抗焦虑和恐惧的跨诊断技术。例如，如果你患有恐慌症和广场恐惧症，经常做心理作业去面对你所害怕的东西，会减轻这两种情况。坚持做心理作业明显有助于自我完善。

与其在一旁愁眉苦脸却无所作为，不如设定每周的目标，根据

㊀ ABCDE 是理性情绪疗法的治疗整体模型。A（Adversity）指诱发性事件；B（Belief）指由诱发性事件引起的信念，即对诱发性事件的评价和解释；C（Consequence）指情绪和行为的结果；D（Disputation）指与不合理的信念辩论；E（Energization）指通过治疗达到的新的情绪及行为的治疗效果。

这些目标给自己布置任务,并且全身心地贯彻执行。这样才可能得到更好的结果,进步得更快。

本书概要

《终结焦虑症:用认知行为疗法应对焦虑》(原书第2版)为解决困扰我们身心的焦虑和恐惧提供了详细指导。它会提供解决这些问题的多种思路及练习方法。具体来说,本书包含以下内容。

- 在如何克服焦虑和恐惧方面提供了广泛参考,既借鉴了以往经典的理论,也涵盖了最新研究。
- 我对客户使用过并证实有效的干预措施。在过去45年里,我开发了许多干预措施,还有一些从其他研究中选出的干预措施。本书提供多种选择,供读者配置一个最适合自己的方案。
- 学会在不同情境下应用认知行为疗法自我改善,甄别错误的焦虑假设,建立对紧张状况的容忍度,掌控自己的情绪。书中有适用于不同问题的基本技巧,也有可用于某一特定焦虑的多种技巧。不要错过每一章的关键点,因为后文可能也会有涉及。
- 焦虑症专家的特别秘诀。我邀请了一批顶级焦虑症专家来分享他们最爱的疗愈技巧。他们的秘诀贯穿全书,为你提供了不同视角,助你了解克服焦虑和恐惧还可以采取怎样的措施。
- 用于自我改善的书面练习。日记和其他写作可以用来改变固有的观点、调节情绪和改善精神状况。把问题写出来是一种治疗性干预,它有助于减少不必要的紧张。以第一人称写作可以带来更好的自我改善效果。

本书分为四个部分。第一部分介绍了焦虑和恐惧的世界。它将告诉你如何区分真实的恐惧与想象的恐惧，以及如何使用基本的认知、情绪和行为方式来克服它们。这一部分还会告诉你如何使用客观的自我观察技能打破焦虑的恶性循环，如何让焦虑不再继续升级，如何使用自我管理的方法获得提升，以及如何克服阻碍积极改变的拖延障碍。

第二部分展示了如何利用自然场景来获得宁静，如何放松你的身体，如何调节由认知触发的情绪，如何使用经典的 ABCDE 方法来对抗焦虑，以及如何使用一些重要的行为方法来克服恐惧。

第三部分探讨了如何打破忧虑的模式，管理对不确定性的焦虑，平息不愉快的身体感觉，克服恐慌，对抗恐惧症，并利用混合的多模式来应对焦虑和恐惧。

第四部分着眼于如何化解会引起焦虑的预期，战胜有害的拘束感，克服对自身的焦虑，从痛苦的社交焦虑中解脱，克服混合性焦虑和抑郁。

你的焦虑应对计划将以多快的速度进行？这取决于你处于疗愈道路上的哪一段路程。你可能已经在处理焦虑问题了。这也取决于你的并发症情况（我们都有这样的问题），这些并发症围绕核心问题延伸开来。例如，消极的思考方式和过度忧虑都反映了容易焦虑的特性。你的焦虑应对计划施行速度还可能取决于你是否有拖延的倾向。如果你缺乏动力，期待动力自己从天而降，那么你将会等待很长时间。

幸运的是，即使是最复杂和反复折磨你的焦虑和恐惧也有简单和易操作的治疗切入点。从你力所能及的事情开始，逐步入手。重点是一定要开始去做。

> **练习** 你最迫切的焦虑是什么?

中国哲学家老子有言:"千里之行,始于足下。"现在我们开始行动,请在下面的空白处写下你当下最迫切的焦虑是什么?

抗焦虑心理干预无法在所有情况下适用于所有人。在跟随本书学习的过程中,你会了解到很多解决焦虑问题的方法。选择并使用对你来说最好的方法来提升自我掌控能力,才能达到最好的效果。

目　录

对本书的赞誉

前言

导读

第一部分　战胜焦虑和恐惧的基本技巧 …001
 第 1 章　欢迎来到焦虑和恐惧的世界 …002
 第 2 章　焦虑和恐惧亦敌亦友 …014
 第 3 章　你的焦虑解决方案 …026
 第 4 章　培养自我观察能力 …037
 第 5 章　消除双重困境 …046
 第 6 章　克服焦虑的自我效能训练 …054
 第 7 章　打破焦虑与拖延症的联结 …063

第二部分　战胜焦虑的认知、情绪和行为方法 …075
 第 8 章　宁静风景的作用 …076
 第 9 章　放松身体，放松心灵 …083

第 10 章 如何打破认知和焦虑的联系 ...091
第 11 章 想办法摆脱焦虑 ...100
第 12 章 打败恐惧的认知行为疗法 ...109

第三部分 如何解决特定的恐惧和焦虑问题 ...123

第 13 章 逃出担忧之网 ...124
第 14 章 管理对不确定性的焦虑 ...138
第 15 章 缓解焦虑感 ...151
第 16 章 战胜恐慌 ...161
第 17 章 克服对特定物体的恐惧 ...176
第 18 章 战胜焦虑和恐惧的多模块联动治疗方法 ...188

第四部分 你的个人焦虑和恐惧 ...199

第 19 章 终结完美主义思维 ...200
第 20 章 如何停止压抑自己 ...209
第 21 章 战胜自我焦虑 ...219
第 22 章 从社交焦虑到社交自信 ...228
第 23 章 应对混合性焦虑和抑郁 ...244
第 24 章 防止焦虑、恐惧卷土重来 ...252

第一部分

战胜焦虑和恐惧的基本技巧

- 测试一下你的焦虑点是什么以及从哪里可以获取解决方案。
- 学会将真实的焦虑和恐惧以及那些虚构的或夸大的焦虑和恐惧区分开来。
- 了解如何处理真实的威胁和想象的威胁并存的情况。
- 开始学着从认知、情绪和行为的角度出发,来缓解自己的焦虑。
- 学着在焦虑失控之前打破它的恶性循环。
- 用积极的自我观察技巧代替灾难性思维。
- 探索如何建立自信和沉着。
- 采取七个步骤来终止情绪对自己的困扰。
- 遵循六阶段的方法来控制你的焦虑和恐惧。
- 用简单的三步法评估你的进步。
- 使用拖延技术来克服你的焦虑和恐惧。
- 通过解决棘手的双重议程困境,让自己摆脱不必要的焦虑。

第 1 章

欢迎来到焦虑和恐惧的世界

当恐惧让你逃离危及生命的危险时,它是你的朋友。但是有些恐惧会卑鄙地向你讲述以下这个肮脏的故事。

我是恐惧,我会让你失去控制,我会让你身体僵硬。你想躲着我,可我总会找到你的。你回首看,我就在你身后;你向前看,我的阴影就挡在你的前方。你照照镜子,你会看到我在对你冷笑。

夸大的焦虑和恐惧耗尽了你的时间和资源,并且你得不到任何有价值的回报,这就是为什么这本书把恐惧和焦虑称为寄生虫。马克·吐温曾经说过:"我是一个老人,我知道人生有很多麻烦,但大多数麻烦从未发生。"当你遭受恐惧和焦虑的折磨时,很难想象另一种生活方式。但是你可以一步步消除恐惧和焦虑。借助那些成功地让自己的焦虑和恐惧烟消云散的人的帮助,也许有助于我们开始这段旅程。

你并不孤独

当你感到焦虑和恐惧的时候,你并不是唯一的。

- 28.8%的美国人会患上某种严重的焦虑症。在西方的其他国家和地区,患有焦虑和恐惧症的人数也很多。
- 焦虑是一种跨越国家、种族和经济地位的普遍的、全球性的问题。

- 如果你是女性，你比男性更容易焦虑。
- 年轻并不能缓解焦虑。焦虑在青春期前的儿童和青少年中很常见。人到中年以后，焦虑感会增加。认为老年人衰弱性焦虑程度较低可能只是一个乐观的误解。

认识焦虑和恐惧

在小组治疗中，你可以从别人分享他们解决自身焦虑的过程中获益。以下就是约翰、伊莱恩、拉里、茱伊和汤姆为了战胜焦虑和恐惧所做的事。

约翰的恐慌

约翰是当地医院急诊室的常客。每当他喘不过气来，感到胸口疼痛时，他就会拨打911。他认为自己心脏病发作了，而且快要死了。在超过20次的急诊后，他的保健医生建议他加入一个心理治疗小组。经过3次小组治疗后，约翰发现他的呼吸困难和胸痛原来是恐慌症状。在他得知大多数患有恐慌症的人借助倾诉、放松、深呼吸以及其他认知行为疗法取得了意义重大和持久的进步时，他感到如释重负。

伊莱恩的沉默

伊莱恩在治疗小组里基本保持沉默。她一想到自己可能会说些蠢话，就吓得不敢发言了。在经历了8个星期的沉默之后，她坦诚了她的想法：如果组长和成员真的认识了她，他们会把她踢出小组。人们"证明这个结论的证据在哪里"的提问让伊莱恩改变了想法。当她得知她对拒绝的恐惧反映的是她的自我怀疑而不是其他成员的观点时，她平静了下来。根据小组同伴的反馈，她发现她认为的别人对她的看法并不是真的。他们对她的印象和她对自己的印象并不一样。

拉里的压力

拉里告诉大家,他很容易紧张。像约翰一样,他有时会惊慌失措,呼吸困难,头晕目眩,心脏剧烈跳动。拉里说这种恐慌第一次发生时,"他和很多人一起被困在一个小地方"。拉里还说他头痛得很厉害,他担心自己可能患了脑瘤。

拉里想解决自己的问题,但一旦他开始考虑解决一个他焦虑或恐惧的问题,他马上就会转向另一个问题,而不能真正地解决第一个问题。他总是拖拖拉拉的。因为他的问题不断出现,他感到不知所措。他说:"这对我来说太难处理了。""太难"两个字是他内心独白的一部分。不过在这段独白中,他夸大了自己紧张的可怕程度。在这样表达的同时,他的应对问题的能力在降低。然而,一旦他开始一次只处理一种恐惧,他会发现自己的焦虑和恐惧变少了。他开始觉得自己在情感上更自由了。

茱伊的忧虑

茱伊从来感觉不到快乐。她告诉大家,在这个人人都那么智慧的世界里,她就是个傻瓜。她说她犯了很多错误,她害怕人们会发现她是个骗子。

茱伊即将完成她研究生第二年的学业。她说她一直强迫自己学习,不到她觉得自己有把握通过考试的那一刻就不会停止。她说:"我需要学习的时间是其他人的3倍。"当约翰问她:"你怎么知道别人花了多少时间学习?你做过调查吗?"她沉默了。尽管茱伊因为她的作业优秀受到了教授们的赞扬,但她声称她把他们都骗了。问题是:"一个把自己看成傻瓜的人,怎么能愚弄那些她认为是聪明的人呢?"这个问题把她问住了。然后,伊莱恩指出茱伊把自己看成傻瓜的主要原因是她拿着一个调光开关——她关掉了自己的灯光。茱伊说:"我以前从没这么想过。"随着自我认知的改变,她可以更喜悦地展示自己的成就。她不再觉得自己是个骗子了。

汤姆的自满

汤姆认为他之所以有效率，只是因为他的恐惧驱使他去努力。如果没有恐惧，他就会骄傲自满。而汤姆害怕自己自满。

汤姆讨厌被恐惧所驱使，但他觉得如果自己放松下来，就肯定会失败，他是不能忍受失败的。汤姆对恐惧的驱动力的这种思考方式意味着他已经被恐惧或自满所控制。当他被问到"恐惧和自满的中间是什么"这个问题时，他开始重新考虑这个问题。

约翰、伊莱恩、拉里、茱伊和汤姆参加了一个支持小组，在小组里他们可以自由地探索他们的想法、感受、行为以及彼此之间的关系。这种气氛为他们的积极变化提供了有利条件。以下部分将帮助你探索如何采取相似的行动来支持自己。

采取不责备的态度

我们生活在一种责备的文化中，我们过分地责备别人，并针对他人的责备捍卫自己。我们在每天的日常生活中都会看到许多否认、合理化和自卫的例子——所有这些都是为了减轻责备。事实上，因为责备是我们焦虑的主要部分，我们可能会觉得这是理所当然的，从而忽略它。但这是错误的。对承受责备的焦虑贯穿了人类各种各样的无谓的痛苦，但这一诊断框架外的因素很少被谈及。

通过采取不责备的方式，你可能会更愿意尝试新的思考方式、感觉方式和行为方式。相反，聚焦于责备自己将一事无成。

责备如何发挥作用

就其技术而言，责备是承担责任的一种手段。当我们感到自己应该为改善自己的焦虑状态负起责任时，我们更有可能会找到解决之道。然而，正如你可能会怀疑的那样，责备通常是带有负面意义的，这可能会让它的作用适得其反。

更具体地说，责备常常以过分责备（抱怨、挑剔、找茬）、指责延伸（打击和诅咒）和责任免除（否认、借口、推卸责任）三种形式出现，它们都是有问题的。其中，指责延伸的破坏性尤其强大。指责延伸的典型过程如下：你为某种真实或想象的过失谴责自己，继而为这个错误贬低自己，发展到最后你会在思想和行为上为这个过错惩罚自己。因为一直没得到关注，指责延伸变成了我们积极改变人生的主要障碍。

自我接纳是如何运作的

你可以通过自我接纳来应对指责延伸的思维。自我接纳会化解我们对指责的焦虑。然而，由于长期生活在一种责备文化中，我们很难接纳或一直接纳自己不可避免会犯错的现实。我们值得为自我接纳付出努力吗？当然是的！友善的、无条件、同情的、自我接纳的态度有助于消除来自自我指责的焦虑。

如何打破自我责备和焦虑之间的联系？首先，应把责备当作建立严格的问责制的一种手段。要求他人对其造成的损害负责。接受自己为自己的错误和事故该担负的责任。然后，集中精力努力培养对自己所犯过错的包容性，并运用意志力积极思考措施来做出主动弥补。

专家贴士　明智而专注地处理问题

丹尼尔·大卫博士是罗马尼亚巴比什—波雅依大学的临床认知疗法教授，美国纽约西奈山伊坎医学院兼职教授。他是《人类功能的理性和非理性信念》的主编。我和大卫一起提出了以下抑制焦虑和恐惧的建议。

你可以通过三种互动方式从反复出现的焦虑中获得解脱：减少焦虑情绪的强度（让自己感觉更好），通过把你的夸大性思维调整到现实性思维来改变情绪的质量（例如，从功能失调的焦虑到以一种健康的方式关注自己的问题),并采取行动克服不必要的恐惧(开始做,并做得越来越好)。

如果想要降低焦虑的强度,请执行以下操作:

- 以放松的方法来抵消焦虑的刺激。例如,试试"正方形"呼吸:吸气四秒钟,屏住呼吸四秒钟,呼气四秒钟,然后保持屏住呼吸四秒钟。重复这个呼吸方式大约两分钟。("正方形"呼吸有助于减少焦虑性情绪,并为你清楚地思考自己的想法奠定基础。)
- 有目的地分散注意力。例如,打电话给一位乐于助人的朋友征求意见。当你的焦虑似乎无法控制时,阅读有关如何冷静下来的材料。这些间接的方法可以帮助你减轻焦虑。然而,如果你使用分散注意力的技巧,把它们看作是你从"惊恐模式"转变到"采取具体、高效的行动模式"的前奏就好。

如果要提高你的情绪质量,请执行以下操作:

- 识别引起焦虑的想法,并对其进行重组。例如,如果你告诉自己,"我一定要把一切工作都做好,否则就太糟糕了",这样的想法意味着你给自己树立了难以置信或不可能完成的任务。你担心自己的表现是可以理解的。想从功能失调的焦虑转换成以一种健康的方式关注自己的问题,你需要用现实主义思维代替杂念纷飞的非实主义思维。与其坚持让自己做到完美,不如采取更冷静一点的且退后一步的思维方法。你可以实事求是地告诉自己:"我更愿意做到最好,也会尽我所能为此做最好的准备。如果我没有做到最好会有点糟糕,但远不是世界末日啊。"
- 通过随身携带理性的提示语,为意外的危机做好准备。随身带着钱包大小的且写上应对焦虑的理性话语的卡片是个不错的主意。如果生活中出现危机,那么可以拿出卡片并重复上面应对的策略。例如,"焦虑是不愉快的,但我会克服它。

如果生活不是我所期望的那样,我也可以接受现状。"

直面你的恐惧:
- 让自己直面恐惧的环境,而不使用经常采用的逃避策略,如此你就已经朝着建立自信的方向迈出了克服恐惧的坚实一步。举个例子:你害怕蛇。你承诺去动物园观看一个蛇的展览,当然是在安全的距离内。待在安全范围内,一开始你可能会感到有些焦虑。试着和自己的处境以及自己焦虑的情绪待在一起,直到你觉得焦虑减少了一些。以后每次去参观这个展览时,都往前更近几步。最终,你会忍受适当不舒服的情绪的状况。
- 探索羞耻攻击练习。让我们假设你害怕犯错误,害怕因为当众犯错而羞愧难当,通过故意让自己面对恐惧,你可以同时改变导致自我挫败的逃避行为以及行为背后的非理性思想。例如,故意在某天穿上一双不同颜色的袜子。不时阅读你的提醒卡片,提醒自己他人不会因为你袜子的颜色不同而注意你,即使有人注意到了,这也不是世界末日。

通过不断练习这些改善自己情绪、认知和行为模式的技巧,你的焦虑将会一点点减少,因为你会知道自己有一套已经得到检验的方法去面对焦虑。

核心、经验和实践层面的变化

当焦虑和恐惧困扰你时,你能做什么呢?通过核心、经验和实践三个层面的干预,你可以做出深刻而持久的改变。

核心干预措施

在核心层面,你要处理的是导致你生活中负面模式的更深层次、更个人化的问题。例如,你可能会因为自我怀疑、含糊其辞、生活在对犯错的恐惧中等这些核心问题而阻碍自己进步。如果你的焦虑与自我怀疑相关,那么请检查导致你产生自我怀疑的情形以及原因。哪种情况与焦虑有关?如果你感到既焦虑又沮丧,试着找到那些让人无力的想法:是什么导致了你认为自己不能与众不同?正如负面情绪会影响你的想法一样,你的思维过程也会使痛苦的感觉进一步恶化。如果你有多重焦虑,它们是否与你认为自己无法应付或无法游刃有余地应付某个挑战的信念联系在一起呢?你会过度担心、反复斟酌并拖延采取纠正措施的时间吗?怎么做才是明智之举?

经验干预

在经验层面,你可以试着像一位科学家一样思考。如果你相信你的焦虑永远不会消失,那么认识到这一失败主义的观点并将其贴上错误预期的标签有助于你正确看待这个问题吗?通常,给一个焦虑的想法贴上标签会给你一种你控制了焦虑的感觉。现在,哪些基于实证的干预措施可以支持你实现自己的目标呢?当你开始这样想时,你就走上了经验主义的道路。

实践干预

在实践层面,你可以使用常识来产生你想要的改变。例如,你可以学习焦虑的不同形式和对它们的应对之道。你可以通过记日志来发现你对焦虑的思考模式,你试着去检验不同的解决焦虑的方法,如想象你的焦虑情绪像一阵蒸汽一样飘散。你可以做这些练习来释放紧张。

> **练习** 整理焦虑与恐惧清单

在"你的焦虑与恐惧问题清单"中,根据过去一个月你的整体状况,对每条陈述进行评分。如果该陈述不代表你的想法和感受,请圈出"不是你"。如果这句话在一定程度上表明了你的感受,请圈出"有点像你"。如果这句话反映了一个持续困扰你的问题,请圈出"经常如此"。

你的焦虑与恐惧问题清单

焦虑与恐惧问题	量表程度			干预措施所在章节
"我逃避应该面对的情况"	不是你	有点像你	经常如此	12, 2, 3, 7, 10, 16, 17
"我害怕被拒绝"	不是你	有点像你	经常如此	22, 1, 18, 19, 21
"我的问题不断累积"	不是你	有点像你	经常如此	7, 2, 5, 19, 23
"我担心犯错或失败"	不是你	有点像你	经常如此	19, 2, 7, 14, 21, 22
"我害怕在公众场合讲话"	不是你	有点像你	经常如此	6, 19, 21, 22
"我很多时候感到心烦意乱"	不是你	有点像你	经常如此	10, 3, 13, 14, 15, 19, 23
"我会把事情弄得更糟糕"	不是你	有点像你	经常如此	5, 1, 2, 14, 15, 17, 21, 23
"我经常感觉被牵制住了"	不是你	有点像你	经常如此	20, 3, 4, 13
"我不知道怎样应对自己的焦虑"	不是你	有点像你	经常如此	2, 3, 4, 6, 11, 13, 14, 23
"我的恐惧和恐惧症控制了我的生活"	不是你	有点像你	经常如此	17, 2, 3, 12, 18
"我对自己感到焦虑"	不是你	有点像你	经常如此	21, 2, 13, 19, 22, 23

"我担心得太多"	不是你	有点像你	经常如此	13, 3, 4, 5, 12, 14, 16, 22, 24
"我的生活感觉像一个接一个的危机"	不是你	有点像你	经常如此	4, 5, 7, 13, 14, 15, 19
"我对自己的感受很敏感"	不是你	有点像你	经常如此	15, 16, 14, 21, 22, 23
"我感到既焦又抑郁"	不是你	有点像你	经常如此	23
"我不喜欢做出改变"	不是你	有点像你	经常如此	14, 6, 7, 10, 21
"我的焦虑想法无法停止"	不是你	有点像你	经常如此	11, 2, 4, 5, 9, 10, 13
"我需要冷静下来"	不是你	有点像你	经常如此	9, 8, 12, 15, 17
"我需要更好地照顾自己"	不是你	有点像你	经常如此	24, 3, 4, 15
"我的焦虑和恐惧的状况很复杂"	不是你	有点像你	经常如此	18, 10, 11
"我的焦虑已经到了极点"	不是你	有点像你	经常如此	1, 3, 5, 16, 23

做完清单之后，将注意力集中在对你来说最棘手的焦虑或恐惧问题上。清单中右边的数字指的是本书中的一些章节，你可以在这些章节中找到针对你的问题的实际干预措施；粗体的数字指的是关于该问题信息最多的章节。

你可以把这份清单复印下来，以便将来使用。未来你可以再次使用它来衡量进展。每月做一次清单盘点是个好主意。盘点结果可以作为一个早期预警系统，防止寄生性焦虑和恐惧的复发。

你的进度报告

你会在每章的末尾看到一个类似这样的报告，供你记录自己的进展和值得记住的信息：

- 本章中你认为有用的主要观点。
- 你可以采取哪些行动来应对某种特定的焦虑。
- 描述当你采取这些行动时产生了什么结果。
- 描述你从该经验中学到了什么，以及你将重复、改进或放弃哪些行动。

写下你从本章中学到了什么，以及打算采取什么行动。然后记录下采取这些行动后的结果和收获。

你从本章学到的三个关键观点是什么？

1. _____
2. _____
3. _____

你能采取哪三种行动来对抗某种特定的焦虑或恐惧？

1. _____

2._____
3._____

你采取这些行动后的结果是什么？
1._____
2._____
3._____

你从采取的行动当中收获了什么？你下次会做什么样的调整？
1._____
2._____
3._____

在每章结束时做这个练习将帮助你集中精力于最适合你的认知行为治疗方法。通过识别与你本身相关的想法，思考你该做什么，并用行动来检验这些想法，你可能会在战胜焦虑和恐惧的行动中取得更快的进展。

第 2 章

焦虑和恐惧亦敌亦友

在希腊神话中,恐慌和忧惧是两位战神的杰作。这两位战神是一对孪生兄弟——福波斯(Phobos)和戴莫斯(Deimos)。福波斯负责真实和现存的危险。他用恐怖、惊慌和逃避来震慑人心。戴莫斯用忧虑来使人们对即将发生的事情充满恐惧。古人的说法不无道理。恐惧和焦虑有许多共同的联系,但它们以不同的方式运作。

恐惧是在近距离维度上的,当接近害怕的东西时,你会试图逃避。焦虑是在时间维度上的,当你害怕一个未来的事件,你会采取措施来避免它。了解这种关系可以帮助你决定对焦虑使用哪种策略,以及做什么来平息你的恐惧。

近距离维度的恐惧

通过望远镜,你看到一英里外有一头美洲狮。由于它没有靠近你,你感到很安全。或者你在动物园看到一头关在笼子里的美洲狮,它离你很近,但你同样没有感到恐惧,因为你在一个安全的地方。然而,如果你在野外遇到了一只蹲下身子正准备从比你高的岩架上跳下来的狮子,那应该会唤起你强烈的惊吓反应。近距离维度的恐惧就是指当危险出现时,你近在咫尺。

你的本能恐惧是从祖先身上承继来的,它使你对突然的变化做出反应，逃避有毒的生物和捕食者，并远离不友好的人。在当今的日常生活中，你很少会再处于这种致命的危险中。然而，类似的事件的确还会发生。比如，一个蒙面的陌生人在黑暗的街道上跟着你，并且似乎离你越来越近。

距离真正的危险有多近你才会做出反应？非语言线索停止传达威胁的距离通常是 30～90 米。然而，你的反应也关乎感知和视角。如果你面对的是一个可以从很远的地方发起攻击的已知危险，那么规则就不同了。

虚惊一场的恐惧警报

大多数恐惧反应都是虚惊一场。一个飞奔的影子其实是无害的。树上的噼啪声来自一只松鼠，而不是豹子。尽管有许多假警报，但如果你的恐惧警报哪怕只有一次使你免于受伤或死亡，那么它就完成了它多年进化所担负的职责。恐惧反应就像一张保险单，你希望自己永远不会用到它。

如果恐惧警报不起作用会怎样？如果老鼠没有了对猫的气味的先天恐惧，它就会失去一种重要的防御性恐惧。不能将猫的气味和危险联系起来的老鼠，就会成为猫的食物。下次你希望自己无所畏惧时，请这样思考：如果没有恐惧，你可能难以存活。

恐惧的获得

你可能会通过直接或间接的经历产生新的恐惧：

- 你学会了不要触摸带电的电线，因为你知道会触电。你会很快认识到触电是痛苦的，无论是从直接经验还是根据常识。
- 你目睹了一名同事被机器轧伤。后来，你到那个地方就会退却。这是直接观察引起的恐惧。
- 你观察他人如何应对他们认知中的危险。一个人疯狂地大喊：

"小心蛇！"你以前从未见过活的蛇，但这种叫声还是会让人产生恐惧。后来看到一条蛇时，你会退却或惊慌。
- 你亲身体验了一场可怕的经历。你在雨中开车，在一座桥附近发生了打滑事故。后来，每当你在雨中行驶并接近一座桥时，你就会担心车辆打滑失控。于是，你便紧紧抓住方向盘。

以上只是你如何产生新恐惧的几个例子。

从虚假恐惧中解脱

面对恐惧是克服虚假恐惧的标准方法，即策略性地使自己接近你所害怕的状况。你可以采用一种渐进的方式。例如，你害怕乘坐电梯。然而，你有一份很渴望得到的工作，但办公室是在一栋摩天大楼里。走楼梯是不现实的。那怎么办呢？你可以通过一步步学着乘电梯来克服对它的恐惧。你可以先在电梯门打开的情况下练习出入电梯。这样重复几次，直到你不再害怕待在电梯里。下一步可能是先乘电梯到一楼。以此类推。最终，通过一步步面对恐惧，你对电梯的恐惧就会消失。

你的生存焦虑

焦虑被发展出来，是为了"使个人准备好察觉和处理威胁"。焦虑有时就像对未来不确定性和风险的第六感。假设你生活在史前时代，如果你在跑进从未踏足过的黑暗洞穴时感到忐忑不安，那么你会比那些不害怕洞穴的人更可能生存下来。当你焦虑时，你所担心的是未来的事情，威胁到后来才出现。这种意识可能足以让你采取预防措施。例如，在进入陌生环境时，你可能会自然而然地感到忐忑不安，会非常警觉且谨慎。但你可以通过查看周围情况来应对。当你这样做时，你可能意识到没有什么好害怕的。

在某些情况下，在感觉到和发现危险之间可能会有一个快速的过渡。无论怎样，这两种反应都会在瞬间发生。

什么助长了虚构性焦虑

焦虑有两个基本特征：唤起对未来威胁的回避并带来回避威胁后的宽慰。这有助于避免致命的危险，但当消极、重复和杞人忧天的认知成为焦虑过程中痛苦的一部分时，它就不起作用了。

- 你的焦虑可能会成群结队出现，这会让本就糟糕的情况变得更糟。比如，你害怕失败，所以你就避免引起失败的情况。或者你对拒绝感到焦虑，因此就回避引发这种威胁的社交场合。每当你逃避去做你所害怕的事情时，你就在强化这种逃避，这样做也会使你的焦虑不断卷土重来。
- 如果你沉浸在焦虑中，焦虑就会越来越严重。你试图停下焦虑的想法，它们却不断出现。你越是试图抑制这种感觉，它越是强烈。

通过纠正错误的思维，你可以减少焦虑带来的并发症。

- 错误的假设。你生活在对未来会发生可怕事情的恐惧中。你不确定会发生什么，但你认为它会是灾难性的。然而，你可以学会推翻危言耸听的假设。试着问问自己：可能发生的最好情况是什么？
- 错误的预期。你好像认为你所预期的灾难会分毫不差地完全按照你的预期发生。做些其他推测吧，不妨假设一些与你预测的必然会发生的事情相反的情况。
- 放大。你夸大了所有可能的危险。做出另一种选择吧，不妨去放大所有暗示着相反结论的信息。然后问自己，这两种极端之间还有什么？

- 可能性思维。你神奇地从"有可能"跳到"很可能"：你的紧张性头痛有可能意味着你得了脑瘤。为了对抗这种想法，问问你自己，你是否在感到压力时会有这种头痛。如果是的话，对于你的头痛更合理的解释是什么？
- 无力感思维。你相信你无法改变，因为你没有外界帮助就无能为力。这种想法不仅是悲观的，更是你行动开始前就要放弃的。要打破这种破坏性的模式，就要想象自己没有这种消极的想法。如果没有这种想法，你会怎么做？然后，迈出第一步。
- 情绪化的推理。你无视事实，反复思考自己有多么紧张。你的所作所为就好像你的焦虑情绪验证了你的负面思维，你的负面思维又验证了你的焦虑情绪。为了摆脱这个循环推理的陷阱，考虑一下科学家是如何区分事实与虚构，并执行更实际的或基于事实的解决方案的。向自己提问"证据在哪里"这个问题有益于科学的探索过程。
- 对感觉本身的恐惧。你害怕感到失望、不舒服或忧虑。你尽力避免紧张，但这样会产生回旋镖效应：你反而更加感到失望、不舒服或忧虑。允许这种紧张存在，你会亲眼看到这些感觉可以变好。
- 丧失视角。你只关注最坏的情况，而忽略了其他可能的积极情况。给自己一个新的视角，想象一个与负面情况同样强大的正面情况或结果。
- 虚假联想。你知道遭遇入室盗窃是很危险的事情。你听到屋子里有吱吱嘎嘎的声音，一想到可能是盗贼进入你家并打算伤害你，你便感到巨大的恐慌。为了平复这种想法，你可以问自己，吱吱嘎嘎的声音一定证明是有人闯入吗？这样你是否能够更好地判断到底发生了什么？

对于每一个引发焦虑的想法，都有一个可行的替代选择可以帮你减轻焦虑。

从焦虑走向解脱

采用先发制人的应对措施，即你可以在下一次焦虑发作之前就解决这一问题。比如，你因不明原因的症状而反复去看医生。你感到头痛、胃肠道不适和入睡困难，你确信自己得了一种致命的疾病。尽管做了一次又一次的检查，但你得到的都是一切正常的化验单。尽管你还是担心自己的健康，但你已经开始怀疑自己对患有查不出来的致命疾病的恐惧是不现实且夸大的。那么你怎样才能打破这个循环呢？

你可以对照现实情况做个比较。的确，人们时不时都会真的生病；问题在于担心自己患有并不存在的致命疾病。因此，你可以以过去 6 个月为期限，估计一下自己担心得了不存在的致命疾病的次数，比如，认为胃痛可能是胃癌而恐慌。也许这样的担心大约有 100 次。现在，你看一下这 6 个月里自己真正被诊断出患有疾病的次数。你发现自己只收到过一次诊断，不过是流感。这种情况告诉你什么呢？

通过采取先发制人的方法，你能使自己处于一个更具优势的位置，以判断什么时候有必要去看医生，什么时候需要去除夸张的想法。

你的生存回路

心理是整个身体系统的一部分。"大脑和心血管、免疫系统和其他系统之间通过神经和内分泌机制进行双向交流。精神压力由心身互动引起"。这个全身系统的核心是一个复杂的生存回路（survival circuit），涉及认知、动机、感官系统、先天反应、习得行为等机制，其目的是利用机会、迎接挑战、蓬勃发展和生存下去。这是一个了不起的系统。但是，如果你焦虑和恐惧过度，那么将有损于健康。知道我们的生存回路是怎么回事是很有益的。

杏仁体

感觉系统将威胁信息直接传递给大脑中的杏仁体。大脑中这个杏仁状的区域是恐惧和一些焦虑的中心。杏仁体的任务很简单，就是避免伤害。当涉及危险时，杏仁体就像是爬行动物的大脑那样警觉。杏仁体在你的感官中起着荫蔽保护作用，提醒你警惕危险。

你的杏仁体不会等着看清事情全貌，就会激发压力荷尔蒙。当你在一个封闭的地方无法撤退时，你会自动冻结，僵住不动（在史前时代，静止是最好的生存策略，因为捕食者容易发现运动的物体）。当逃跑最有利于生存时，杏仁体则会使你拼尽力气逃亡。

杏仁体有能力学习新的恐惧。比如，如果你曾经被攻击过，以后你在相似的环境中可能会感到紧张。

杏仁体通过增加你对负面刺激的感知敏感度来促成负面情绪。如果你有一个敏感的杏仁体，你会收到很多假警报。你更有可能因被放到意想不到之处的东西、陌生的声音、快速的动作或意外的情绪变化而反应过度。在史前时代，那些对环境变化最敏感并发出警报的人为群体的生存做出了贡献。

前扣带皮层

前扣带皮层是一个位于大脑前部的项圈状脑区。它调节情绪和认知过程，解决矛盾区域之间的冲突，并纠正错误。这个大脑区域可以与你的前额叶皮层一起向杏仁体发出信号，使其停止冻结或形成栓塞。

前扣带皮层通过不断纠正体验来解决冲突。它通过比较不同的经验来学习，并且可以开启和阻断杏仁体。比如，故意面对虚构的危险可以帮助纠正感知错误。神经影像学研究表明，这种故意面对虚构危险的做法会影响前额叶皮层、前扣带皮层和内侧眶额皮层，这些区域都会参与到对危险情境的评估，比如，当一个害怕蜘蛛的人靠近蜘蛛时的情形。

当面对恐惧的情况得到缓解时，神经成像显示杏仁体的活动减少，前扣带皮层的活动增加。然而，对于大脑如何对减少焦虑和压力的干预措施做出反应，我们还有很多东西要学习。

分离真实和想象的威胁

真实的焦虑和恐惧可能与误导性的焦虑和恐惧并存，重要的是要把真实的危险和想象的威胁分开，这样你才能对每一种情况做出适当的反应。在下面表格中以职场欺凌为例，说明一个问题既可以产生真实的焦虑和恐惧，也可以产生想象或夸大的焦虑和恐惧，并提供了在每种情况下如何应对的建议。（注意，当问题真实存在时，焦虑和恐惧的解药是相同的。）

问题和对策	焦虑	恐惧
真实问题	有一个同事经常欺凌你。每天结束工作后，一想到明天还要上班你就感到焦虑	有个同事欺凌你。当欺凌事件发生时，你感到害怕
对策	以下是你可以采取的行动： （1）培养果断的沟通技巧来应对威胁。 （2）要求你的主管介入；也许管理层会重新安置欺凌者。 （3）申请调到其他部门。 （4）依法提请骚扰诉状	以下是你可以采取的行动： （1）培养果断的沟通技巧来应对威胁。 （2）要求你的主管介入；也许管理层会重新安置欺凌者。 （3）申请调到其他部门。 （4）依法提请骚扰诉状

(续)

问题和对策	焦虑	恐惧
想象或夸大的问题	你怀疑自己捍卫观点的能力，一想到要坚持自己的观点就感到焦虑	你持有与欺凌者不同的观点，但为了避免冲突，你沉默不语，无所作为
对策	找到你自我怀疑的依据并考察它们。将虚构问题与能力问题区分开来，前者包括非理性地追求完美、每一个陈述都必须是无懈可击的完美等。在充满不同观点的世界里，想达到完美是不可能实现的梦想。接受这个事实：有时别人会同意你，有时不会；有时会部分同意你，部分不同意	可怕的想法和想象的恐惧会触发寄生性恐惧警报。你可以通过去除自己的破坏性想法和对引起自己恐惧的事物谨慎行事来应对。比如，在别人都在表达观点的讨论会中，你可以至少表达一个自己的观点。然后反思你在这个过程中学到了什么，并用不同的方式再试一次。坚持练习，直到你适应这种情况；直到有话想说的时候你不再畏缩；直到你对自己的观点有信心；直到你变得有弹性，可以在事实和逻辑的基础上修改自己的观点

情境很重要。如果欺负你的人是你的雇主的伴侣或最好的朋友，而你想保住你的工作，上述的一些解决方案可能不会很有效。但其他解决方案无论如何都会奏效。

练习　区分真实的威胁和想象的威胁

现在轮到你了。当你感到真实的和想象的焦虑/恐惧在你的身上并存时，把它描绘并梳理出来。在表格中分别填入你的真实的焦虑和恐惧及其适当的对策，你想象或虚构的焦虑和恐惧以及适当的对策。

问题和对策	焦虑	恐惧
真实的问题		
对策		
想象或夸大的问题		
对策		

理清这些不同的情绪有助于你认识到是真实的还是虚构的情绪压力在起作用，以及如何应对每一种压力。

专家贴士　应对真实或想象的焦虑与恐惧

塞顿霍尔大学名誉教授杰克·香农博士为解决真实和想象中的焦虑和恐惧提供了他的最佳建议。

你有理由对即将到来的事件感到担忧。你的医生把你介绍给一位外科医生，这位外科医生告诉你需要做手术，手术有80%的成功率。如果你什么都不做，你有99%的可能会死。这样的情况下手术显然是必要的。

外科医生计划三天后进行紧急手术。同时，你满脑子都是那20%的风险。你的焦虑达到了令人坐立不安的程度，你再也无法清晰地思考。现在合理的担忧和会导致情绪爆炸的破坏性观点一起支配着你的思维和感觉。但是，通过使用下面的分析方法，你可以学会如何区分这两种精神状态，以及如何从危言耸听的破坏性思维转变为理性视角和基于现实的担忧。

- 担忧是可以理解的，但你没必要觉得自己100%会死在手术台上。你能重塑自己的这个观点吗？
- 你的破坏性思维在反复提醒你有20%的死亡概率。你需要做出认知上的转变：你有80%的生存机会。那么你可以试着把80%的比例继续放大吗？
- 与其反复思考最坏的情况，不如试试赌注技巧。如果你有80%的机会赢得一场赌注，那么你会赌自己生存还是死亡呢？
- 避免只接受负面结论。平衡一下。开始考虑带有积极结果的情景。对于你想到的每一个消极的结果，找一个积极的替代选项。

你的进度报告

写下你从本章中学到了什么，以及你打算采取什么行动。然后记录下采取这些行动后的结果和收获。

你从本章学到的三个关键观点是什么？

1. _____
2. _____
3. _____

你能采取哪三种行动来对抗某种特定的焦虑或恐惧?

1. _____
2. _____
3. _____

你采取这些行动后的结果是什么?

1. _____
2. _____
3. _____

你从采取的行动当中收获了什么?你下次会做什么样的调整?

1. _____
2. _____
3. _____

第 3 章

你的焦虑解决方案

自己为自己无中生有制造出的焦虑和恐惧是最糟糕的。幸运的是，这里有一个强大的四管齐下的解决方案：

1. 学会识别和消除不同形式的焦虑想法和信念。
2. 增强情绪容忍度。
3. 在行为上采取新的实用措施来应对你的寄生性恐惧。
4. 赢得掌控自己的主动权。

本章将继续探索这些解决焦虑问题的认知、情绪和行为方式。这些问题也将在本书接下来的章节中展开详述。

化解焦虑思维

"如果"假设思维（What-if-thinking）是焦虑思维的一种。万一我在一群人面前发言出了洋相怎么办？或者一个朋友开会迟到了，你会想，他该不会是出车祸了吧？这种形式的焦虑性穷思竭虑是一种常见的跨诊断要素。如果把这种思维扼杀在萌芽状态，那么你可以消除相当一部分的精神痛苦。

审视"如果"假设思维

你可能会担心，如果一颗未监测到的小行星威胁到地球上的生命怎么办？你对这种可能性感到焦虑，就好像它一定会发生。要打破这种思维习惯并不容易，但你可以从接受自己可能假设错误开始，逐步得到缓解。

首先，你需要正确认识到这种假设思维包含错误信息。在你有生之年有可能看到世界末日，但这并不意味着它一定会发生。通过关注概率（关注可能性大小而非可能性存在与否），你可以减少因担忧小概率事件发生而产生的不确定性、无助感和无力感。例如，明年迎来世界末日的概率是多少？仅根据已知科学事实来进行概率估计。

质疑你的结论

可怕的预测通常是通过令人担忧的"如果"假设来编织的。比如，万一我迷路了怎么办？想要把此类事情看清楚，不妨问问自己另一个问题。我应该做些什么来找到路呢？显然，你可以找一张地图或使用 GPS（卫星定位系统），但这种实用的解决方案或许没有触及问题的核心。

如果你无法自行采取措施来预防或应对假设的状况呢？例如，如果我在政治集会上显得很焦虑该怎么办？其隐含的结论是：人们会不欢迎我。现在你就有一个核心问题要探讨了。

为了应对这一核心问题，问问自己：有什么证据证明集会上的人们眼中的我很焦虑，他们真的会不欢迎我吗？事实是，我并不能看透人们的想法。像这样的经验性干预措施有助于将"万一"假设的命题引入一个健康的视角。

增强情绪容忍度

情绪可以影响人们的思维和想法。你醒来时感到心情不好，并因此责怪别人。像这样，焦虑可以唤起错误的思维来解释这种焦虑感,而这反过来又会造成更严重的焦虑。当情绪和思维如此相互作用时,可能会形成恶性循环。

如何打破恶性循环

如果焦虑的想法和感觉相互作用,使你无法采取行动,那么你能做些什么?你可以从培养对不愉快情绪的耐受力开始,因为你对自己认为可以忍受的事物将不再那么恐惧。

增强对寄生性焦虑和恐惧的情绪容忍度意味着允许自己体验它们。这可能听起来不怎么样,然而,接受不愉快的情绪,是一种能有效提高对不愉快情绪的容忍度的方法,也是走向自我管理的一种方式。

专家贴士　不再逃避

威廉·戈登博士任教于康奈尔大学医学院,他经营着一个积极自助网站,并在纽约州的纽约市和布莱尔克利夫庄园从事心理治疗。他分享了这个有助于应对夸大的威胁的秘诀。

威胁和危险可能是真实的客观存在,比如,火灾、洪水、疾病或恐怖分子。然而,危险也可能被放大,比如,害怕乘坐飞机或害怕因为使用公共浴室而感染艾滋病。威胁也可能来自内部,比如,失败使人感到自尊心受威胁。

"回避"是一种试图逃避威胁或危险的行为。但问题是,逃避虽然能暂时缓解心理负担,但从长远来看,它只会让事情变得更糟,特别是当这种威胁其实是非理性的或基于错误信息时。克服焦虑,需要你同时在思想和行动上直面焦虑。

克服恐惧和忧虑,要从识别它们开始。忧虑通常以"如果"假设的形式出现,比如,如果我丢了工作怎么办?而恐惧则往往更具体，比如，害怕自己将失业，变得无家可归。对照现实是个应对恐惧和忧虑的好办法。质疑自己的恐惧或忧虑：有任何证据表明我会失业吗？我丢掉工作的概率是多少？你也可以用同样的方法质疑自己自尊心受到的威胁。失业并不意味着你会变得一无是处。你觉得自己一无是处，是因为你不相信自己有价值。你可以质疑你的思维逻辑：如果你最好的朋友失业了，你会因此认为他（她）一无是处吗？

反思过后，如果你仍然认为你的焦虑和恐惧有一定的现实依据，那么请继续以下五个步骤：

1. 找出问题所在。比如，在这个例子中，问题核心是：如果我失去工作，我能做些什么？
2. 头脑风暴，想出各种解决方案。比如，我可以现在开始找工作、打磨简历、拓展人脉、试试线上工作、联系招聘人员、去做职业咨询，或者去领取失业补助、向老板争取更多解雇补偿。
3. 评估每种解决方案的利弊，仔细想想它们的优缺点、对自己和身边重要的人可能产生的影响、可能的结果，以及其成功的可能性。
4. 选择最佳方案或最佳方案组合——不必拘泥于一种方案。将多种方法组合起来往往会产生最好的结果。
5. 实施你所制定的行动计划。如果没有成功，也不要放弃，而是要调整问题并从头再来：重新定义问题，并再次进行头脑风暴。你可能会发现新的信息，从而提出一些新的解决方案。主动向你信任的人寻求建议。旁观者或许能给出你想不到的方案。

如何接受现实

因不适而焦虑可能是人类最糟糕的情感体验之一,但它是可以疗愈的。以下四个想法会对你有所帮助:

1. 不适不会要人命。
2. 不愉快的情绪最终会消失。
3. 真正困扰你的不是焦虑本身,而是你对焦虑情绪的夸大。
4. 通过抑制对紧张情绪的抵触,你将有更多的时间来管理生活中日常和非日常的压力。

情绪容忍始于接受现实。精神紧张不过是精神紧张而已,感到压力是正常情况,要接受它。但接受它并不等于向焦虑屈服,更不是说要沉湎于痛苦纠结的现状而拒绝改变。

当你沉湎于不适时,你会放大自己不喜欢的感觉,并且很可能会反复回想与这些感觉相关的情境,这种消极的反复回想会强化你的痛苦。消极回想跨越了包括抑郁等在内不同形式的焦虑和不愉快的情绪状态,如果你在其中一个领域打破了消极回想模式,那么在其他领域也可能会自动减少。

不愉快的焦虑感有时会自行消失,但多数情况下,沉浸在受威胁的情境中会使焦虑感更加强烈。当你不再害怕与恐慌想法相伴而生的不适感时,你可能不再会夸大这种不适感,从而减轻压力。

提升情绪容忍水平后,你就可以开始处理那些引发你焦虑和恐惧的具体情况了,这会给你的想法和感觉带来更深层次的改变。

面对问题

假设你是一名艺术家,你担心人们会批评和排斥你的素描作品。

由于害怕批评,你通常会把你的作品藏起来。你知道这种恐惧很愚蠢,因为你的许多老师和熟人都称赞过你的才华和素描作品,你的作品还获过奖。然而,你曾经收到一个艺术家同行的恶意批评,你非常害怕这种情况再次发生,所以你不愿再展示你的作品。通过避免展示你的作品,你在躲避对展示它的焦虑和恐惧的同时,也失去了克服这种焦虑和恐惧的机会。

两个阶段的面对策略

解决之道是反其道而行之:对你所害怕的事情采取切实有效的新行为。你可以分两个阶段来进行:第一阶段,在心里分步骤解决问题;第二阶段,按同样的步骤去采取行动面对你害怕的事。

第一阶段可以分为以下四个步骤:

1. 开始想象你的素描作品展示在公共场合的场景。
2. 想象自己是墙上的一只苍蝇,听着人们对你作品的评论。对于你想象中的每一个负面评论,你都要相应地想出一个正面评论。
3. 想出 5 个合理的理由来说明人们会有不同的审美偏好,并可能对你的作品有不同看法。比如,有些人认为达·芬奇画的蒙娜丽莎看起来很憔悴,或者蒙娜丽莎不够漂亮,不足以证明达·芬奇的实力。然而,这幅作品是有史以来最著名的画作之一。这说明你不可能取悦所有人。事实上,没有人能做到完美。即使你的作品很完美,也会有人对它不满意。与其因他人而忧虑,不如尽自己所能做到最好。
4. 接受多元观点的合理存在(即人们对同一情境可能会有不同视角下的不同观点),并将其应用在你不同的素描作品上。你会得出结论——惧怕他人的负面批评是没有现实依据的,我们也不应该期望得到所有人的称赞。

第二阶段，从以上的心理演练过渡到行为练习：

1. 把你最喜欢的素描作品挂在家中显眼的地方。
2. 邀请人们来家里。如果你听到了负面评论，那么要努力用不使自己感到挫败的方式去接受它（参见第一阶段）。
3. 提醒自己，每个人都有不同的审美偏好，都会对你的作品有不同的看法。
4. 要认识到，你对他人负面批评的惧怕是没有现实依据的。

下一步，试着拿你最喜欢的素描作品去参加比赛，看看会发生什么。

时间和距离维度的"认知—情绪—行为"矩阵

有时，你会对唤起非现实恐惧的场景感到有非理性的焦虑，并最终碰上了你所害怕的东西。当焦虑转向恐惧时，你该怎么做？当两者结合时，你可以使用"认知—情绪—行为"干预来更好地管理你的焦虑和恐惧，如下表所示。一个由"认知—情绪—行为"组成的矩阵可以帮助你选择干预措施，它在你面对恐惧之前、在焦虑和恐惧的交会点以及身处恐惧的情景之中时均适用。你可以采用"认知—情绪—行为"三管齐下的方法，来应对上述的两个阶段。

维度	焦虑	交会点	恐惧
认知	我该如何合理看待威胁？	在焦虑与恐惧的交会点上，在恐惧正在形成但还未完全成型时，我该如何思考？	身处恐惧之中，为了战胜会加深恐惧的想法，我该如何看待所处情境和自身感受？

(续)

维度	焦虑	交会点	恐惧
情绪	我能做些什么来容忍令我不适的身体上的焦虑感？	当焦虑向恐惧转化时，我可以在思想和行为上采取怎样的应对措施？	我可以做出哪些选择来接受恐惧带来的紧张感？
行为	为了有效应对问题，我能提前尝试哪些具体行为？	在焦虑即将转为恐惧时，我可以在行为上采取什么行动来面对恐惧？	我可以在行为上采取什么行动来避免退缩，防止恐惧的进一步强化？

练习　你的时间与距离维度管理方案

根据以上的结构化方法，在横线处写下让你感到焦虑的特定威胁。然后，以前面的"认知—情绪—行为"问题矩阵作为指导方针，在下面的表格中填入你面对该威胁时可采取的干预措施。

需要解决的问题：＿＿＿＿＿＿＿＿＿＿＿＿＿＿＿＿＿＿＿。

维度	焦虑	交会点	恐惧
认知			
情绪			
行为			

专家贴士　组建你的改变互助团队

约翰·C. 诺克罗斯博士是斯克兰顿大学的一位杰出的心理学教授,他是一名获得国际临床心理学协会认证的兼职临床心理学家,也是《人生逆袭,只要做到这五步》一书的作者。他分享了这个秘诀:

对抗焦虑和恐惧,你不必孤军奋战。创建一个由积极的队友组成的改变互助团队,一路上帮助、奖励和鼓励你。众人拾柴火焰高。所以,在对抗焦虑和恐惧的路上,让我们结伴同行吧。

关于招募改变互助团队的小贴士:找一到两个人,最好是在不同的环境下,比如家庭、工作、学校或教堂,甚至可以是网络互助小组。可能的话,找一个理解焦虑并且曾经经历过焦虑的人;勇敢的榜样和导师会激励你。不是你所有的朋友或家人都能满足你的需求,所以要准备好礼貌地说"不,但是谢谢你"。当心那些总说"这准没用"的人——那些帮倒忙、喜欢唱反调的人,和那些总说"听我的准没错"的人——那些固执地认为对他们有效的东西自然也会对你有效的人。

告诉你的团队你需要什么(倾听、支持、跟踪你的进展)和不需要什么(评头论足、说教、否定)。

一旦你开始对抗焦虑,就开始启用你的改变互助团队吧。这里有一个简短的清单,可以确保你从这种有益关系中得到最大的帮助:

- 我们经常聊天,至少一周聊几次,以追踪我的进展。
- 他们会倾听我的忧虑和烦恼并支持我。
- 即使有时很困难,我也会向他们表达我需要他们为我做什么。

- 尽管时有失误,我的改变互助团队能够保持对正能量的关注,并不时提醒我所取得的进步。
- 他们会根据我的困惑来提供改变的方法和具体的建议。
- 我们为了各自的目标团结在一起,甚至通过友好的竞赛来相互激励。
- 成功的团队是充满诚实和信任的。他们偶尔会提出建设性的批评意见,而我也会接受。
- 我尝试通过询问他们的需求、支持他们的改变、适时地倾听来回报他们。
- 我们会一起庆祝彼此的成功!

你的进度报告

写下你从本章中学到了什么,以及你打算采取什么行动。然后记录下采取这些行动后的结果和收获。

你从本章学到的三个关键观点是什么?

1. _____
2. _____
3. _____

你能采取哪三种行动来对抗某种特定的焦虑或恐惧?

1. _____
2. _____
3. _____

你采取这些行动后的结果是什么?

1. _____

2._____
3._____

你从采取的行动当中收获了什么?你下次会做什么样的调整?

1._____
2._____
3._____

第4章

培养自我观察能力

焦虑是一个让人越来越沉陷其中的过程，在这一过程中，你对琐碎的事务越来越了解，但对于如何把自己从焦虑中解放出来却一无所知。矛盾的是，你只有通过发现自己能做什么才能进一步认识真实的自己。那么，如何才能摆脱这种自我封闭的循环呢？答案是练习自我观察。通过自我观察的方式，你会采取不一样的步骤来检视自己的焦虑和恐惧，就如同从远处观察自己一样。通过追踪当你经历一个焦虑周期时发生了什么，你会明白应当在何处干预以改变这个过程。

写日记

把事情写出来有助于缓解焦虑和抑郁，这种做法对那些无法获得高质量专业服务的人尤其有帮助。要做到这一点有很多办法，比如，可以以焦虑为话题写一些有表达情感的故事，每天15分钟，持续三到四天。写日记能帮你收集数据，这样你就可以客观区分可验证的真正威胁和你所想象出来的虚假的威胁。

你可以使用手机、语音识别、电脑、笔记本或索引卡片等各种工具来记录。选择你用起来最自然、上手最快的也是最适合你的工具。

同样，你可以自己选择记录信息的方式，或者随心所欲，或者结构性更强。随心所欲、自由流畅的风格意味着简单地记录焦虑的情况，以及任何引起你焦虑的想法。如果你想使用更结构化的方法，你可以写出引发你焦虑的事件、你对这件事的想法、你的情绪和行为反应模式。

下面的表格展示了如何记录日记信息。这个例子来自于鲍勃——一名长期受焦虑困扰的客户。鲍勃首先记下了他的焦虑情况、威胁认知和他的情绪和行为之间的联系。

鲍勃的焦虑情况、威胁认知以及情绪和行为之间的联系

焦虑情况	威胁认知	情绪	行为
朋友迟到	朋友出了事故，可能已经死了。这太可怕了	担忧，焦虑，害怕	反复踱步。给朋友打电话。酗酒
收到挂号信通知	会发生一些可怕的事情。我要被起诉了。国税局想查我的纳税情况	焦虑恐慌，并且随着这些可怕的可能性不断出现在脑海中而感到越来越焦虑恐慌	不看通知。酗酒
同事从我旁边走过，不向我打招呼	我一定是做错了什么。我被讨厌了。这太糟了	焦虑	不看同事。避开同事。在背后说同事的坏话来报复他。为了避免想起这件事而喝酒

以上示例让鲍勃充分地明白他易于草率下结论。他指出，当他担心的时候，他会通过过度饮酒来抑制自己的紧张情绪。他需要摒弃这个坏习惯。他的日常记录让他认识到自己需要改变什么。

你的焦虑情况和过程表格

通过写下一些让你焦虑的情况的例子、你的威胁认知(你在想什么)、你的情绪和行为,来记录你的焦虑过程。

焦虑情况	威胁认知	情绪	行为

写下焦虑过程可以帮助你更好地了解自己想要打破的模式。

检验备择假设

当焦虑和恐惧来自于威胁性的认知时,改变这一过程的一种方法是提出备择假设,或者对真相更积极地推测。

假设你收到一封挂号信的通知,不知道它是关于什么的,而且寄件人地址模糊不清。你可能会直接得出一个可怕的结论:这封挂号信来自一个打算起诉你的律师。但你并没有证据,你只是这样认为。

还有其他的假设吗?这封挂号信可能是一份公告,通知说周边邻居就建造车库一事有分歧。也可能是你被通知忘记更换宠物证了。还可能来自于你失散已久的一个亲戚的遗嘱执行人,告知你有一笔意外的遗产。

下一步是根据事实来判断哪个假设是正确的。你打开挂号信阅读。一旦你知道发生了什么，你就能决定下面的行动步骤。

挂号信的例子展示了如何判断自己是否有问题。在无法确定未来将要发生什么的情况下，在得知事实之前不做判断通常是一件好事。

应对灾难性思维

阿尔伯特·埃利斯用"灾难化"这个词来形容人们夸大情况或者把很小的威胁变成灾难的倾向：心率加快意味着患有心脏病；不能让一首歌从脑海中消失意味着自己要疯了。埃利斯发现这种想法在患有持续性焦虑的人群中很常见。

你有没有想过自己为什么会小题大做？你观察过喜欢夸大事情的家人吗？你是从电影中学到的吗？这些都可能是影响因素。但还有另一个因素。如果你很容易受惊吓，那么你更易于产生灾难性思维，难以摆脱消极的想法。虽然你不能轻易改变容易受惊的倾向，但你可以想办法让自己摆脱消极的想法。

灾难化是和可怕化相伴而生的，也就是会把一个糟糕的情况想得更糟糕。你可能会使用过于夸大的语言，比如，用"糟糕的"或"可怕的"来描述事件。在这种情况下，你内心的暗示是自己感觉到的比实际情况更糟糕。重新考虑一下，"可怕"放大了你的不喜欢；但是另一方面，使用更缓和的语言可能对你有相当大的好处。比如，用"不愉快的"代替"糟糕的"，看看这样有没有用。

反思你的想法

在灾难性的思维下，你很可能会专注于困扰自己的事，而忽视了反思自己的想法。如果你发现自己在小题大做，那么有一个解决办法：反思自己的想法。

由于小题大做是给某种情况增加过多的负面意义，你可以通过删除这些附加意义来缓和自己的想法。可以先从概述焦虑目前给你带来的影响开始，然后问自己接下来会发生什么。这种"然后呢"的方法将有助于消除灾难性的思维过程。

假设你没能通过一个重要的测试。你可能会告诉自己：我的人生毁了。你可能会想象知道你失败的人都会从你身边逃离，就像你得了传染病一样。但这是真的吗？

从"我的人生毁了"这句话开始。如果这是你对自己说的话，那么你可以通过问自己"然后呢"来质疑自己的想法。你可能得出结论，我会很痛苦。然后呢？你可能会恢复正常生活。然后呢？你可能会得出下一个结论：我将继续学习并重新参加考试。如果重考是底线，那么为什么不直接去解决这个问题，跳过这个过程中灾难性的部分呢？

应对思维反刍

你也许会花时间回想过去，思考本可能发生的事、你做错了的事和所犯的错误。你会回想自己有多痛苦，自己哪里出了问题，为什么不能改变。你会想到其他人也有问题，他们应该做出改变。你会想到这个世界也有问题，它应该被改变。当你陷入这种自我沉沦的独白时，你会越来越明白困扰自己的是什么，但却不知道如何摆脱这种思维反刍的习惯。你有可能打破这个循环吗？

走出思维反刍的迷宫

思维反刍是焦虑和抑郁中常见的核心问题。如果你发现自己陷入了思维反刍的循环，那么你可以通过自我观察来消除这个过程。

退后一步回顾自己的想法。客观地观察（发生了什么），定义

(什么是思维反刍,什么不是),量化(多久一次、多强烈、持续多久)你的思维。这个检验有助于减轻思维反刍和忧虑。

不要只看杯子里空的一半,而是探究另一半里有什么。思维反刍的世界充满了"本可以"——你本可以做什么、说什么或想什么。用你切实做过的事和令你满意的回忆抵消这些想法。

反思你所面临的问题。你可以通过提出有效的问题和寻求可验证的答案来帮助自己。在这种情况下事实是什么?你有什么选择?你将如何做出自己的最佳选择?通过对有效的问题进行问答,你更可能做出最正确的选择。

专注当下。活在对过去的追悔和对未来的恐惧中让你无法专注当下。当下没有内疚,因为内疚反映的是过去。当下也没有可怕的焦虑,因为焦虑关乎的是未来。如果你实在想不出其他什么可以想的,那就看看你的手背吧。你所看到的就是现在正在发生的事。不算可怕,对吧?

培养自信而镇静的能力

通过缓解焦虑,你可以获得面对逆境的能力。这些技能在你为自己积极争取机会和迎接有意义的挑战时也一样适用。比如,找一位有魅力的伴侣、创业或者在遭到不公平对待时捍卫自己的权利。通过认识误导性的焦虑思维,避免导致拖延的犹豫不决,你就不会浪费来到你面前的机会。你正在培养自己镇静的能力,这是一种你自感觉可以掌控自我和周围事件的能力。

镇静下来,你会意识到你只是自己的领导者,而不是其他任何人的。你不会要求世界为你而改变,你也不需要世界的改变。你接受生活和任何事的本来面目。你用有效的计划来驱动自己的行动。当不确定性出现时,你会决定哪些可能性值得探究。你允许自己生活在紧张中,这是生活中很自然的一部分。有了这种更柔和也更有力的观点，你的内心就能更有效地化解、处理或直接管理你的恐惧、焦虑和矛盾。你可以更有准备地、合情合理地追求自己的利益。

采取现实乐观主义

你可以通过采取行动克服困扰你的焦虑和恐惧，来培养自己的现实乐观主义，这意味着你相信自己有足够的才能去立刻解决当前的问题，从而为自己创造出一个更光明的未来。你已经准备好迎接机遇和有价值的挑战。当遇到机遇和挑战时，你也会了解到真正的威胁和危险所在。你有获胜的信心，但当你发现自己走到死路时，你也会尝试不同的方法。作为一个现实乐观主义者，你知道什么时候会面临一堵无法移动的墙，什么时候可以做些事来扭转局面。

考虑一下这个问题：你是否有可能有效地组织、调节和指导自己的行动，以解决、打败和克服令人无力的焦虑和恐惧？如果你相信自己可以虔诚地做出努力，那你正走在通往现实乐观主义和自我掌控的道路上。

运用你的智慧、创造力和意志

为了提升你的自我观察能力，你可以运用自身拥有的三种强大的能力——智慧、创造力和意志，来中和烦扰你的焦虑或恐惧。你可以用你的智慧在危险到来之前辨别并避免它；有了创造力，你可能会找到在逆境中生存的新方法；而你顽强忍耐的意志会让一切变得不同。

一个更高的生活目标，比如为了家人，或者为了完成生活中的一项重要使命，会极大地增加你在危险环境中生存的机会。这样的目标使你能够坚持忍受不良情绪。如果你在洪水中能紧紧抓住一棵树，那么你坚持忍耐的意志可能会决定你的生死。然而，日常生活中我们面临的一般是轻微的压力。

当你被焦虑和恐惧所困扰时，你并没有失去你的智慧、创造力和意志，但有时这些珍贵的能力可能会被滥用。你用你的智慧为自己编造借口；你会找到巧妙的方法来逃避恐惧带来的不适；你会避免和恐惧交手。幸运的是，你也可以学会质疑借口，忍受压力，并想出新的方法来处理恐惧。

专家贴士　让猴子自己照顾自己

亚特兰大心理治疗师、《荷马的猎犬》的合著者、雕塑家埃德·加西亚提出了一种创造性的方法——与背上的焦虑猴子分享空间：

"我有一个客户患有飞行恐惧症。他说，他感觉就像自己背上有一只猴子，不管他怎么努力都甩不掉。每次他想订机票时，那只猴子都死命地抓着不放。他从来没能买成机票。

"我建议他下次订机票时买两张，一张给自己，一张给猴子。当他采用我的建议克服了恐惧之后，我解释说，只要一个人接受了他的恐惧，并专注于他想做的事，无论他的感觉如何，焦虑往往是可以控制的。当你把猴子带在身边时，它会做什么？什么都不做！下次这位客户去订机票时，他没有给猴子买机票，他偷偷把他带上了飞机。"

你的进度报告

写下你从本章中学到了什么，以及你打算采取什么行动。然后记录下采取这些行动后的结果和收获。

你从本章学到的三个关键观点是什么？

1. _____
2. _____

3._____

你能采取哪三种行动来对抗某种特定的焦虑或恐惧?
1._____
2._____
3._____

你采取这些行动后的结果是什么?
1._____
2._____
3._____

你从采取的行动当中收获了什么?你下次会做什么样的调整?
1._____
2._____
3._____

第 5 章

消除双重困境

你是否觉得你曾处在一扇不断升级的焦虑旋转门里？如果是的，那么你很可能陷入了双重困境——把一个问题变成两个或两个以上的问题，并陷入这些问题带来的焦虑和恐惧中。

双重困境的产生原理是这样的：当一个问题出现，比如你的身体出现了新的或无法解释的症状时，你有理由为此担心，并应该及时就医。出现这类症状后你过度解读你的病状，并且相信自己一定患有可怕的疾病的时候，第一层额外的麻烦就降临到你身上了。你会开始担心自己是在杞人忧天，还会因为担心过多而责备自己，在责备自己的时候，你又会对自己感到生气。你开始想："我要摆脱这种感觉，我一定得摆脱这种感觉。"这样一来，你放大了你想避免的感受。可想而知，这个问题会逐级放大并慢慢变得一发不可收拾。

识别双重困境的思考模式

双重困境的存在形式有很多种，包括对恐惧感感到惧怕，对无助感感到无助，对预期会感到恐慌而恐慌。阿尔伯特·埃利斯将这种双重困境描述为一种次级干扰，即你将一个问题牵引到另一个问题上。

以下是人们通过不同的方式用自己的思考模式制造双重困境的例子：

- 我正在用恐惧杀掉我自己。
- 我现在必须停止焦虑。
- 我再也受不了担惊受怕了。
- 我再也受不了这种糟糕的感觉了。
- 我不能做出改变。
- 我生活在人间地狱。
- 我要疯掉了。

打破恶性循环的双重困境

双重困境通常与以下五种心理状态中的两种或多种状态有关：夸大问题、过度概括、紧迫感、无助感和循环思维。

即使困境会经常以多种典型问题的混杂状态出现，但你还是可以分开检查和处理每一种状态。通过改变一种状态，你可以同时缓解其他一些与核心症状相关联的症状。

夸大问题

夸大问题指的是你过多地关注恐惧的情形和不安的情绪。比如，当你因为焦虑而失眠的时候，你如果担心第二天会因此感到疲惫，那么就应催促自己尽快入睡。在这个过程中，你会因为感到不安和无法入睡而责备自己。这时，你最好承认自己正在焦虑。这样，即使你睡不着，你仍然可以有一个比你陷在无法入眠的痛苦中更加安宁的夜晚。

过度概括

过度概括是指你总结出了一个过于宽泛的结论。当你告诉自己

"我无法做出改变或恐惧将纠缠我一生"时，就属于双重困境里的一个状态——过度概括。可如果你没有水晶球，你怎么知道这些预言会成真呢？

紧迫感

双重困境有潜在的紧迫信息。比如，我现在必须要停止焦虑。这类信息对紧张是没有容忍的。好在一个明确的问题可以转移你的注意力。问问你自己吧，往最坏了打算，如果你不立即停止焦虑，又会发生些什么？在众多可能的答案中，有一个理性的答案：在下1分钟，很可能你仍然会焦虑，而你的生活还在继续。

无助感

无助感是指你对自己的处境感到无能为力。有些时候是你的确无法对你的处境做什么，比如，吉姆想在国家足球联队中担任中锋，但是他现在只有135磅重。此外，相信自己无法改变的念头也值得重新考虑。庆幸的是，这种信念可以被新信息和新经验改变。你能回想起那些你通过自己的改变从而改善了生活的时刻吗？

循环思维

在大多数双重困境模式中，你是绕圈思考的。举个例子：因为我无法改变，所以我的恐惧将困扰我一生；因为我的恐惧将困扰我一生，所以我无法改变。再举个例子：感到焦虑是糟糕的且又因为焦虑让人感觉到很糟糕，所以焦虑是糟糕的。你可以通过对双重困境进行假设来跳出双重困境。比如，在前面的第一个例子中，"我无法改变"是一种假设，因此第二种说法"恐惧将困扰我一生"也是种循环假设。既然是假设，"恐惧将困扰我一生"便不是必然的，也就不必为此过多担忧。

专家贴士　将烦恼之旅带向快乐的终点

朱迪思·贝克博士是贝克认知行为疗法研究所的主席、《认知行为疗法》一书的合著者,以及《贝克饮食减肥手册》一书的作者。她向我们分享了以下建议,教导我们如何将烦恼之旅带向快乐的终点。

"许多患有焦虑症的人想象力丰富。当他们想到一个令人恐惧的结果时,他们常常会在脑海中想象出一幅画面。比如,你想想,如果你的孩子在高速公路上发生事故,你可能会想象他的车撞到侧栏,再从一个陡峭的斜坡上倾斜下来,撞到一棵树上。

"当你感到焦虑时,问问自己是否曾设想过一些不可能发生的消极后果。如果是,掌控这些画面,并把它们设想成更加真实的画面。将你自己视为这部迷你电影的导演。问问自己,我想要这个场景有一个怎样的结局?比如,你可以再次想象你儿子坐在方向盘后面,他在高速公路上顺畅地驾驶,在出口顺利地驶出,将车子停在了车道上。改变你的想象会减少你的焦虑。"

操练你的理智

卡尔·波普尔写道,如果一份声明不能被检验和证伪(证明是不真实的),那么对它持有怀疑态度是值得的。比如,你可能相信天使在针头上跳舞。但是,你能通过对这一说法进行检验来确定它可以被证伪吗?你不能,因为这个说法是虚构的。

双重困境里的循环推理一般易被证伪。比如"因为恐惧将困扰我一生,所以我无法改变,且因为我无法改变,所以恐惧将困扰我一生",这个说法仅是条理论,而不是个事实。为了正确检验这个理论的错误,你要为它找些反例。

你应该先定义一些关键词:"改变"是什么意思?"不能"是怎么

一回事?"永远"又意味着什么?一旦这些循环推理中的关键词被映射出来,你便可以通过看见这些极端的谬误来更有力地终止循环思维。

这难道意味着所有的循环推理都是不理智的吗?绝不是这样的。有些循环推理可以防止证伪,比如,我的外貌在发生变化,因为我的年龄在增长,且随着我年龄增长,我的外貌将会改变。此外,并非所有的恐惧都是虚构的,比如,当别人把刀子架在你脖子上威胁你时你感受到的恐惧。

 为你的双重困境紧张怪圈证伪

通过采取以下步骤检查双重困境的思考怪圈:

1. 描述你的主要的双重困境紧张怪圈(给自己做的一种陈述):
2. 识别和定义陈述中的关键词:
3. 识别会加剧你的紧张情绪的夸大不安成分: 为你的夸大不安找些例外情况:
4. 识别出你的过度概括想法: 为你的过度概括想法找些例外情况:
5. 描述你的证伪成果:

错误的思维是人类苦难之所以被放大的核心。能够停下来去分辨出错误的思考会帮助我们避免它。

减少双重困境的七种方法

以下是七种用来减少不必要的压力和建立自信的方法。如果你已了解其中某条方法并且能接受它，那么你可以给自己加一分作为奖励。

接受令人不安的想法。 如果你能认同夸大一件事的重要性会让你的忧愁增多，并且相信自己能找到一种去除过多思虑的方法，那么你可以给自己加一分，因为你正在进步。

将痛苦的想法和恰当的思考区分开。 你可能会把一个令人悲伤的事实夸大到悲剧的程度。这时双重困境就来了。你能区分真正的问题和那些你把一个痛苦叠加在另一个痛苦之上的问题吗？如果你能做出区分，那么你可以给自己加一分作为奖励。

仔细研究认知层面的触发因素。 你对一个令人不安的情况的看法可能会引发你的痛苦。你倍感沮丧的原因是否源于你相信你无法控制那些你认为必须控制的事情？你害怕自己的感情吗？如果你能把令人沮丧的思考模式和它们放大个人情感的结果联系起来，那么你可以为自己取得的这个成就加一分。

寻找错误的归因。 当没有明显的或重要的事情发生时，你通常会为自己内心的紧张找到一些原因来解释吗？一旦你确定你正在寻找新的归因，你就可以运用这一点作为早期预警信号来迅速地采取纠正措施。如果你能做到这一点，那么可以给自己加一分作为奖励。

对焦虑的想法进行分类。 焦虑性思考有不同的形式，如夸张和无助感。通过对你的想法做标记，你可能不会过于夸大事实或感到无助。如果你能识别出这些无益的想法，那么可以给自己加一分。

减少戏剧性猜测。比如,当你忘记密码,可能会有诸多不便。在夸大不便的过程中,你可能会使用比实际情况夸张得多的语言,如"这对我来说是难以承受的"。然而,你应该用具体的术语来描述这件事:我不喜欢忘记密码带来的沮丧,我宁愿这件事不要发生。如果你能减弱夸大的措辞,那么你可以给自己加一分。

认清现实,学会接受。虽然你可能很快看到你的焦虑模式,但要取得真正的进步通常需要知识、时间和操练。当你能接受这个现实时,你可以给自己加一分。

当这一切方法都发挥作用,结果会怎样呢?你所取得的任何进步都表明你正在朝着消除双重困境的方向前进。

练习 双重困境检查清单

如果你发现自己陷入了双重困境的陷阱,请复制下面的清单,并且每周给自己做至少三次双重困境检查。用下面的清单来核对你已采取的行动。

	周日	周一	周二	周三	周四	周五	周六
接受令人不安的想法							
将痛苦的想法和恰当的思考区分开							
仔细研究认知层面的触发因素							
寻找错误的归因							
对焦虑的想法进行分类							
减少戏剧性猜测							
认清现实,学会接受							

当你检查完这些项目,你会收获事半功倍的效果——遭受更少的双重困境。此外,看到自己进步。

你的进度报告

写下你从本章中学到了什么,以及你打算采取什么行动。然后记录下采取这些行动后的结果和收获。

你从本章学到的三个关键观点是什么?

1. _____
2. _____
3. _____

你能采取哪三种行动来对抗某种特定的焦虑或恐惧?

1. _____
2. _____
3. _____

你采取这些行动后的结果是什么?

1. _____
2. _____
3. _____

你从采取的行动当中收获了什么?你下次会做什么样的调整?

1. _____
2. _____
3. _____

第 6 章

克服焦虑的自我效能训练

成功者是如何迎接挑战并战胜逆境的呢？他们用行动表达了对自己能力的信任——这就是自我效能[一]，抑或相信自己有能力组织、管理和指导自己的行动，从而战胜挑战。因此，必须着重强调自我效能对于克服焦虑的重要性。

- 自我效能在减轻焦虑中起着核心作用。
- 坚持运用有效的抗焦虑措施有利于克服恐惧和提升自我效能。
- 如果你能改变自己的努力程度，而不是寄希望于改变药物、命运或运气，你就更有可能创造并维持一个积极的新方向。
- 只有在具备适当的激励和必要的技能时，自我效能才是行为的主要决定因素。

你可以通过收集信息、掌握新经验、模仿他人的有效行为、听从劝导或发展出不同的心理和情绪反应来增强自我效能。当你收集到新的信息时，你就会了解焦虑的机制以及如何采取纠正措施；掌握新经验意味着一步一步地消除你的恐惧，并为每一个重要的成就

[一] 自我效能（self-efficacy）指人对自己是否能够成功地进行某一成就行为的主观判断，它与自我能力感是同义的。一般来说，成功经验会增强自我效能，反复的失败会降低自我效能。——译者注

奖励你自己。观察是指注意他人克服焦虑的方法，我们可以通过模仿来学习这些方法，你也可以复制你所观察到的方法。此外，你也可以从朋友的劝说中受益。除了鼓励你，朋友还可以陪你面对恐惧。

如果你在特定的情况下缺乏经验，比如，你可能在公众演讲方面有较低的自我效能，但你可以通过学习新的方法来阐明你的经历，从而产生不同的心理和情绪反应。又如，你可以把克服公众演讲的焦虑看作是一种挑战而不是威胁。

控制焦虑和恐惧的结构化方法

通过行动来减少焦虑会提高你的自我效能，同样，也会减少你的压力。下面的结构化方法对任何形式的焦虑都有效。以针对公众演讲的焦虑为例，因为这是一种很常见的社会焦虑形式。自我效能计划有六个阶段：分析问题、任务陈述、设定目标、制订行动计划、执行计划和评估结果。

分析问题

对公众演讲的恐惧是基于消极的预期、对被评价的焦虑、害羞和对拒绝的恐惧。你可能会关注并放大过去的错误，这些消极的记忆会使焦虑持续存在。

想要分析公众演讲的焦虑，可以先分析组成焦虑的"认知—情绪—行为"成分。

这个分析可以指明你需要纠正的部分。当你开始对自己的焦虑和恐惧进行"认知—情绪—行为"层面的分析时，可以从以下四个方面进行探索。

什么样的外部环境可能会激发你的焦虑和恐惧？ 一个外部事件可能是一次公众演讲任务，一个提问的机会，或者是在社交聚会上的闲聊。

对于这些会加剧你焦虑和恐惧的情况，你是怎样告诉自己的？就像亚马孙河一样，思想在不间断地流动着。实际上，你会一直想一些事（试着停止思考五分钟，看看会发生什么）。思考你的想法。你是否听自己说过"当你想演讲时，失败是可怕的"之类的话？

是什么增加了你的焦虑？ 焦虑和恐惧很少独立于其他情况发生。比如，完美主义、责备、拖延症、缺乏安全感和压抑。又如，你认为你必须做一个完美的演讲，每个陈述都必须是无懈可击的，但其实你是生活在一个不可能实现的梦境中。

怎样才能形成一种挑战性的视角呢？ 与在相同情况下，将公众演讲视作一种挑战，而不是将其视为一种令人打退堂鼓的威胁是截然不同的。当你掌握了公众演讲的技巧，你血液内流动的阻力会变小，因此，你的心脏就会更有效地脉动。此外，将公众演讲视作一种威胁会导致血管收缩，在这种情况下，为了让血液流通，心脏会跳动得更猛烈。那些在演讲时生理反应和挑战性视角相吻合的学生会得到更高的课程分数。

练习 个人问题分析

通过回答以下问题来分析你的焦虑和恐惧：

1. 什么样的外部环境可能会激发你的焦虑和恐惧？
2. 对于引发或加剧你焦虑和恐惧的情况，你是怎样告诉自己的？

(续)

3. 什么共存条件使你变得容易痛苦？
4. 你能采取哪些基本步骤来克服你的焦虑，并消除共存状态？
5. 你能做什么，使自己具有挑战性的观点？

做这样的分析可以让你在面对挑战时梳理自己的思维。

当你从威胁性的观点转变为挑战性的观点时，你会停止回避风险，并开始走向有利的方面。

任务陈述

任务是一种目的陈述。一份自我完善的任务陈述能表达出你想要完成什么，以及你打算如何去完成它。以下是为了克服焦虑和恐惧的任务陈述的示例：

- "我会质疑自己无助的想法从而减少恐惧。"
- "我会用宁静的画面来平衡可怕的画面。"
- "我会通过提高闲聊的技巧来减少自己的社交恐惧。"

练习 陈述你的任务

在克服你的主要恐惧或焦虑时，你的首要任务是什么？利用这个空间来陈述你的任务。

___

___

___

___

设定目标

为了完成你的任务,你需要相关的、可衡量的和可实现的目标。

- 如果你的目标是相关的,并且客观上符合正向的个人和社会结果,那么它就可能是值得去实现的。如果你不想再害怕公众演讲,那么能够在公众面前发言就是一个具体的目标。
- 如果你的目标是可衡量的,那么你就可以跟进你的进展。识别和改变对公众演讲的恐惧是一个可衡量的目标。
- 知道一个目标是可以实现的能激励你去追求它。循序渐进地培养有效的公众演讲技巧是一个可以实现的目标。

练习 说明你的首要目标

执行有目的的、可衡量的和可实现的目标是获得积极结果的基本途径。

说明你的首要目标:

___

___

> **专家贴士　接受你的公众演讲焦虑**
>
> 曼哈顿心理学家和心理治疗师罗恩·墨菲博士分享了他的观点，即承认公众演讲的焦虑可以帮助你成为一个更放松的演讲者：
>
> "很多人因为焦虑而感到羞愧，这是毫无必要的。虽然事实上不是每个人都在经历强烈或持续的焦虑，但这些人是长期进化发展的最终产物。人类数百万年的生存经验赋予了我们一种很成熟的'或战或逃'的反应。当我们的祖先们穿越大草原时，那些回头看的人比仰望美丽云层的人有更大的存活和繁殖的机会。所以，痛苦的焦虑是一件好事，而不是可耻的事。这有点像在高尔夫球车上装了法拉利引擎，它超出了我们的需要，但总比没有引擎好。
>
> "我们认为焦虑是可耻的，因此试图掩盖或隐藏焦虑，但这通常只会让事情变得更糟。常见的例子与公众演讲和其他社会性焦虑有关。通常情况下，我们最害怕的是有人可能会注意到我们是焦虑的！如果我们能接受焦虑，就能提前承认它，也不需要再浪费精力向别人隐瞒它。很多演讲者都发现，向听众提及自己的焦虑可以帮助他们放松很多。通常在演讲之后他们会被告知，承认自己的行为让他们更有人情味，更讨人喜欢，而不是懦弱和恐惧。有机会你也试一下吧！"

制订行动计划

行动计划制定了你要采取的步骤以及采取这些步骤的顺序。行动计划通常回答三个问题：你从哪里开始？你要去哪里？你需要做什么才能到达那里？

你从哪里开始？ 答案很简单。你从焦虑或恐惧开始，比如你想要最小化或消除的公众演讲焦虑。

你要去哪里？ 如果你要做公众演讲，那你最终的目标是积极地期待把你的想法传达给观众,尽管自己有正常范围内的恐惧或怯场情绪。

你需要做什么才能到达那里? 你的计划自然会包括满足目标需求和支持你实现任务的行动。比如,你要发展认知技能来减少消极的预测,建立对痛苦的忍耐力,并采取行动来管理、减少或克服你的公众演讲焦虑和恐惧。你会区分在你无意识的消极想法中哪些是相关的,哪些是没有根据的。遵循这种自我观察方法的人会表现出显著的进步。

识别障碍

即使是最周密的计划也难免会受到干扰和阻碍,所以要为可能出现的障碍做好准备。好的计划会考虑到潜在的障碍。因此,学会识别和处理任何可能妨碍你的事情是很重要的。如果你知道你面临的障碍,那么你可以采取行动来克服它们。以下是一些可能性:

- 矛盾心理:你想要改变,但不想经历与之相关的怀疑和紧张,所以你没有采取行动。为了克服矛盾心理,寻找一个平衡的想法或理由来解决你的焦虑。也许你想从焦虑中解脱出来。
- 心理抗拒:你认为采取行动和做出改变是在干扰你待在安全避风港的自由。为了克服这个障碍,做一个成本效益分析。也许采取行动来克服焦虑和回避焦虑都有其优势,但是,你的最大收益会在哪里,是撤退还是前进?
- 情感推理:你认为在忍受一些不舒服前,你必须感到舒服。克服焦虑通常不是一个令人舒服的过程。如果你能接受不舒服是这个过程的一部分,那么你正朝着正确的方向前进。

执行计划

摆脱不必要恐惧的一个久经考验的方法是参与你所害怕的事情。我知道这听起来可能不太好。但要想摆脱恐惧,就必须体验恐惧,这是解决方法的一部分。如果你害怕公众演讲，那么当你不得不做公众演讲时，很可能会唤起你恐惧的感觉。该阶段的一个关键部分是与你的恐惧感相伴，直到它们消退。这是许多人讨厌听到的改变自我过程中的特点。然而，通过让自己经历那些你常会回避的感觉，你就会向自己证明你可以克服它们。你可能会发现，随着时间的推移，你的焦虑情绪会逐渐消失。

评估结果

一些参考指南会帮助你判断，你是否正在有效地利用提高自我效能来克服公众演讲焦虑（或其他你经历焦虑和恐惧的情况）。你可以问自己以下几组问题：

- 你的任务有明确的目的吗？
- 你是否设定了相关的目标？
- 你的计划是否包含足够的细节和指示？
- 你执行你的计划了吗？

如果这些问题的答案都是肯定的，那么你就会知道，你正在朝着正确的方向前行。如果任何一个问题的答案是否定的，那就回顾思考一下，是什么阻碍了你。

一旦你执行了你的计划，你可以继续评估结果。以下有三种典型的方法来衡量对焦虑或恐惧的掌控程度：

- 你想得更清楚了。
- 你感觉更好了。
- 你看到了自己行为上的积极变化。

在对自己的进步做出评估之后，你就能确定你是处于正确的轨道上，还是需要修改方案或尝试不同的方法。

你的进度报告

写下你从本章中学到了什么，以及你打算采取什么行动。然后记录下采取这些行动后的结果和收获。

你从本章学到的三个关键观点是什么？

1. _____
2. _____
3. _____

你能采取哪三种行动来对抗某种特定的焦虑或恐惧？

1. _____
2. _____
3. _____

你采取这些行动后的结果是什么？

1. _____
2. _____
3. _____

你从采取的行动当中收获了什么？你下次会做什么样的调整？

1. _____
2. _____
3. _____

第 7 章

打破焦虑与拖延症的联结

拖延症是一项常见的跨诊断问题，它能像杂草一样蔓延疯长。它是一种让人不停错过任务最后期限并逃避问题的习惯。它是焦虑、抑郁或其他情绪状况的一种症状表现。它也是面对特定问题时，比如，对未知的不耐烦或是对失败的恐惧的防御机制。拖延症能涵盖上述所有方面，甚至更多。

拖延是一个过程

拖延是一种无意识的习惯，表现为将一件有时限的、重要的、优先的事拖延至另一天或其他时间，尽管并无这个必要。想要理解拖延症的运作方式，就必须将它视作一个由不同的特殊阶段构成的动态过程。

拖延的过程通常可以分为几个可以被清晰观察的阶段。下表的左边一栏是一组拖延过程示例，阶段由上至下递进。右边一栏则给出了不同阶段的干预方式示例。

拖延过程示例	干预方式示例
1. 拖延通常是可以预见的。你面临着一项你认为做起来不适的首要事务（哪怕这种不适感轻如消极的抱怨）	在你会转而去做更安全或更不要紧的事务的时间点，做好坚持下去的准备

(续)

拖延过程示例	干预方式示例
2. 经判断，你认为这件要紧的事做起来令人不适、不方便、有危险、乏味、无趣或是令人害怕	你对首要事务的危险性或乏味性的负面评价也许是正确的。但这不代表你应该逃避要紧任务或重要任务，只因你不喜欢或是不想做它们。附上一条表明相反观点的评述："生活中总有一些让人不愉快的职责、义务和责任。对于这些任务，不管我喜欢与否、害怕与否，我都要尽好我的职责。"（这是成熟的表现）
3. 你总是会用更安全、不那么危险或是不那么要紧的事来代替你正在推迟的事：你会跟朋友闲谈天气、你会读一本小说、你会为你的车做清洁。你会从这些避难所中获得慰藉。为此，你开始重复这些行为	提醒你自己，转移注意力是拖延的必要条件。如果你不转移自己的注意力，你就能专注于优先事务。而这正是对你最有利的选项
4. 你总是在为自己的拖延辩解。你为自己提供论据：你太累了、你太弱了、你不够感兴趣、你太过焦虑，难以坚持下去	听取自己的辩解，比如"这太难了""我焦虑得受不了了"。然后将这些判断归于焦虑情绪的放大作用，拒绝承认它们
5. 拖延往往还包括拖延思维。你给自己许下承诺，却鲜有坚持：下次我会做得更好、等我状态好点再开始、我得让这件事沉淀沉淀	聆听这些拖延思维，比如"我太累了""明天再做"。将这些会导致拖延的想法修正为"我现在先做一点，再评估一下难度，然后再决定我接下来要做什么"
6. 如果你决定拖延，也许你会感到宽慰和解脱。这种感觉会武装你的下一次拖延决定	在工作时，忍受住这些不适感。当你的自我提升计划有了进展，或是当你战胜了焦虑-拖延症的循环后，对你的重大回报自然会到来

你的拖延过程

现在,轮到你来制定你的拖延过程表了,想想用什么方法能有效地干预你的拖延。填写你在不同阶段的行事倾向。然后写出你在每个阶段分别会用什么办法来阻止拖延。

拖延过程示例	干预方式示例
1.	
2.	
3.	
4.	
5.	
6.	

在你看清拖延的产生过程后,你就能采取行动改变这一过程,并从及时行事中获益。

次级拖延症

当拖延症变成一种基本习惯时,它就被称作初级拖延症。初级拖延症的分散行为或许没那么重要,但它的模式非常重要!也许你会为被你搁置的那一项项任务感到焦虑和不知所措。虽然初级拖延症不会自发性地导致焦虑，但拖延行为常常会带来压力、紧张、对自己堆积了太多工作的抱怨，并导致时间的不足。当然，当你和机会擦身而过时，一种拖延模式的害处便不言而喻了。

当拖延症演变为焦虑的症状时，它便成了次级拖延症。焦虑是主要的症状，而拖延症只是焦虑的症状。

当拖延症与焦虑共存时，你便陷入了痛苦的循环：你会自发地逃避你害怕的东西，你会为了终结逃避的循环而推迟你的行动，随后你便让为克服恐惧做出的努力付诸东流。如果你不采取矫正措施，你就会失去提升自我的机会。你会不断重复这个循环。在这个循环中，拖延症是我们克服拖延、战胜焦虑的一大阻碍。

焦虑和拖延症可以同时发生。打个比方，自我怀疑、对未知数的恐惧和缺乏自制力都能同时导致焦虑和拖延。

在与焦虑和拖延症联结抗争时，你至少会面临两个挑战：一是在应对原先就存在的拖延症的同时应对焦虑（收集有关焦虑的信息，并应用你所学的知识）；二是应对因焦虑而生的拖延（你因为将事情和焦虑联想到了一起而无法坚持下去）。

在下一节中，我们会以因失败产生的焦虑为例，讲解如何运用"认知—情绪—行为"方式去打破焦虑和拖延症联结。

对失败的恐惧与次级拖延症

当你发现对失败的焦虑是你拖延的原因时，你能做些什么？下面表格着眼于从"认知—情绪—行为"三个层面分析拖延的方式，并罗列有效的替代方案、行动计划和采取行动后的可能结果。

你不愿面对的焦虑，比如对考试挂科的焦虑。

第 7 章 打破焦虑与拖延症的联结

层面	拖延方式	有效的替代方案	行动计划	结果
认知	告诉自己，在参加派对后自己会变得更加放松，更加愿意学习	与其消遣，不如把时间花在学习上	接受事实：学习有时候会带来挫折，但挫折是正规教育的一环	对挫折有了更强的耐性。学习有所进步
情绪	告诉自己，学习需要良好的状态	想一想：动机是可以因行动而产生的	接受事实：当一件事有助于让你通过考试时，就算没有动力你也得做这件让你觉得扫兴的事	就像处理其他需要投入时间和精力的事务一样继续学习
行为	参加派对	用"参加派对的时间"来学习	告诉你的朋友你打算学习	朋友走了，让你继续准备考试

067

> **练习** 打破你的焦虑和拖延症联结

用这种方式来打破你自己的焦虑和拖延症联结吧。填写下表的空白部分。首先写出你不愿面对的焦虑；然后规划出你在"认知—情绪—行为"三个层面上的拖延方式、有效的替代方案和行动计划，以及执行这些计划后的结果。

你不愿面对的焦虑：＿＿＿＿＿＿＿＿＿＿＿＿＿＿＿＿＿＿＿。

层面	拖延方式	有效的替代方案	行动计划	结果
认知				
情绪				
行为				

逃避去努力的习惯需要付出努力才能矫正，这听起来很矛盾。但从长远看来，这正是打破焦虑和拖延症无止境循环的模式的最好办法。

拖延症、情感与决策

在史前时代，我们的先祖为了生存和繁衍，会争取使用一切可获取的资源——比如，摘取树上低垂的水果。尽管时代变了，但这种趋势依然存在。

当你眼前的利益十分巨大时，你就有可能会忽视日后更大的收益。有时候在你眼前的会是件微不足道的小事：尽管你的目标是减肥，你还是尝了一勺冰淇淋。冲动有时候会带来适得其反的结果。给信用卡积累一大笔债务比为退休而存款要容易得多。参加派对比为明天的考试学习要更有意思。你同样有着许多其他能力，比如锻炼自己的远见力和抵抗冲动的能力。这样一来，你便能为了退休而存钱、不去参加派对而是学习。

古希腊神话中半人半马的人马说明了一个问题：人们会追求短期利益而忽视长远利益——因为它们实在太过遥远。半人半马的人马既有着野兽的本能，又拥有人类的智慧和理性。

假设你是一匹人马，你被夹在两种天性之中。你将面临野性和理性的无尽矛盾。你人格中马的一面想要寻欢作乐、逃避痛苦。当它位于主导地位时，这匹马便会到野外吃草，到溪边饮水，到谷仓休憩。这匹马通常都会沿着阻碍最少的道路前进。这并非永远都是最智慧的选项，但马的野性部分永远都是一个强大的驱动力。

让我们来谈谈喀戎——古希腊神话中最智慧、最伟大的人马。他结合了兽性与人性两个世界中最优秀的品质。他有着教学与指导的天赋。喀戎深知抑制冲动的重要性，并会在适当和可取的情况下追求长远的利益。

我们也像人马一样，有两个运作的层面。约瑟夫·勒杜将我们的生物层面描述为用于把握机遇和面对生活中的挑战的基本生存元件。但我们生活在一个社会性世界中，一定程度的妥协从众是必要的。我们有责任履行社会规定的义务，包括在截止日期前完成任务。

因此，你会觉得自己在遭受来自四面八方的力量的拉扯。当涉及履行义务和确保长远利益时，坚持自制是很重要的。当你陷入了竞争驱动的拉锯战时，持之以恒同样很重要。在这一点上，也许喀戎能帮上你的忙。

解决双重目标拖延困境

得了次级拖延症就像是有了两份日程安排。你既定的安排是克服焦虑问题。除此之外，你还有回避不适感的隐性安排。当回避不适感成了你的优先选项时，你就会陷入对消极可能性的思考。于是，在面对能够缓解焦虑的挑战时，你很有可能会选择拖延。你会带着"我现在就想解脱"的心情工作。但这对你能有什么好处呢？

每当你的大脑告诉你解决一个问题要花费许多时间，同时你的娱乐本能在将你拉往另一个方向时，你就不得不在分岔路口做出决定。其中一条分支路线是对未来后果不加考虑，直接选择最快捷、最简易的选项。另一条分支路线是抑制住冲动，让自己在之后能获得更大的收益。由此看来，在分岔路口做决定的关键在于：是应该选择阻力最小的道路，还是选择需要你克服恐惧的有效行动之路。

学习喀戎好榜样

想解决双重安排困境，你同样会至少面临两个挑战。一是认识矛盾；二是发挥你的组织能力、指导能力和调节能力（自我效能）来实现你的既定目标——克服焦虑和完成生活中因为焦虑而搁置的事情。

以喀戎为榜样，你可以学到：你的本性中拥有规避威胁和逃离危险的强大能力，但在这个需要你制订计划和承担责任的世界中，原始的逃离冲动和躲避冲动有时候会让你偏离正轨。从这个角度看来，想要回避与法律责任相关的麻烦与焦虑无可厚非。但有时候，你应克制这些冲动来实现"理性的利己"。

第 7 章 打破焦虑与拖延症的联结

占据主导地位

恐惧、焦虑与拖延症都有一个共同特征：想甩开不适感的冲动。选择执行一项要紧的优先事项，你就能从经历不适的过程中培养情绪弹性和耐力。

占据主导地位的方式有很多。心理学家约翰·多拉德曾提到，"当你害怕的时候，请停下来想一想。审视令你恐惧的事物的情况，判断它是否真的危险。如果事实并非如此，那么就带着恐惧去试一试这件事。"

看清事态并照着你的分析去行动是有挑战性的。你可能会因为许多原因而搁置这件事。举几个例子：

- 你不想激起消极的情绪。比如，你会在公众面前演讲时感到焦虑，于是，你一想到演讲就会焦虑。因此，你既会逃避思考如何演讲，也会逃避思考如何克服这份焦虑。
- 你想辞去现在的工作，换一份更好的工作。但是你拖延了，因为你担心自己在面试时看起来很蠢。为了避免这种焦虑，你选择继续做自己讨厌的工作。
- 你想避免两害相较取其轻的情况。你正在和一个行为恶劣的人交往，但你对独自生活感到焦虑，因此你一拖再拖，不去透彻思考和依据明智的选择行事。

然而想让自己走上一条有益的道路，其实有很多方法：

记录拖延日志。 在日志中描述你的焦虑状况、拖延思维以及你的感受。审视你的拖延日志中的内容。利用这些信息来制定一个正向改变策略。

当可怕的情况来临时，重新审视自己的想法。 你是怎么看待自己正在逃避的情况的？你是怎么看待自己的情绪的？喀戎会建议你怎么做?

结合自我效能,设计一个打破焦虑和拖延症联结的计划。新建任务,设立目标,制订计划,调动你的资源,执行计划,回顾结果以及进行修正。

为了能透彻思考,练习抵抗无助感。如果你认为自己弱小无助,并因此无法停止焦虑感,那就试试"不可能练习"吧。不要说"我不能这么做",而是说"不可能有任何措施能让事态变得更好"。在这之后,你所需要做的就是举一个反例来证明这种令人拖延的假设是错误的。

做一次利益分析。问问自己,逃避带来的短期、长期利益和迫使自己迎接挑战带来的短期、长期利益相比,哪边更胜一筹。这个分析对你是否有所帮助?

用 EMOTION 口诀来激励自己坚持下去:通过解决首要问题来激励(Energize)自己开个好头。让自己走(Move)最有成效的道路。在工作(Operate)的同时关注长期利益。容忍(Tolerate)非必要拖延的情绪信号,不要屈服于它。将现实主义思维和自我调节的行动相结合(Integrate)来实现既定的目标。克服(Overcome)被非既定日程分散注意力的冲动,专注于手头的任务。在分岔路口前将自己推向(Nudge)能带来最大利益的道路。

拖延症终结战

在终结拖延症的过程中,你要运用智慧、机敏与意志来克服焦虑和拖延症间的复杂联结,借此将拖延症粉碎,创造出新的结果。这一策略将为许多积极的结果奠定基础:

- 加强高效、有效地履行职责的能力。

- 通过足够的行动让自己更加成熟。
- 避免因过多拖延而产生的不必要压力与行为后果。
- 拥有更多能用于娱乐追求的时间。
- 从"实干的人才"这一声誉中获益。
- 从规划行动而达成积极结果中建立自信。
- 提高对挫折的容忍力,缓解突发不测的打击。

在拖延症终结战结束后,你很快就能发现这些不愉快的逃避情绪会随着你解决它们而减弱。这就是打败因焦虑而生的次级拖延症的方法。

专家贴士 焦虑是杀不死人的

作为知名网站的站长、热线咨询师和独立作家,威尔·罗斯就讨人厌的焦虑和恐惧是如何产生的,以及如何摆脱这些干扰源发表了自己的观点:

"在人类历史的早期,我们产生焦虑的能力让我们得以生存,这是一种生存机制。而如今,我们产生非必要焦虑的能力却令人厌烦。我们会产生焦虑的时机有三点:一是当我们感知到了会对我们的舒适、幸福或自尊造成威胁的事物时;二是当我们高估了这一威胁将造成的伤害或是低估了我们应对威胁的能力,抑或二者兼有时;三是当我们坚信自己必须躲避这一威胁时。

"幸运的是,我们拥有对抗焦虑的解药。正因为制造焦虑的是我们的思想,我们便可以通过彻底说服自己来消除它。我们可以告诉自己:其一,正在威胁我们的事不会毁灭世界;其二,我们会挺过这次威胁——它杀不死我们;其三,我们不需要躲开它。"

你的进度报告

写下你从本章中学到了什么,以及你打算采取什么行动。然后记录下采取这些行动后的结果和收获。

你从本章学到的三个关键观点是什么?

1. _____
2. _____
3. _____

你能采取哪三种行动来对抗某种特定的焦虑或恐惧?

1. _____
2. _____
3. _____

你采取这些行动后的结果是什么?

1. _____
2. _____
3. _____

你从采取的行动当中收获了什么?你下次会做什么样的调整?

1. _____
2. _____
3. _____

第二部分

战胜焦虑的认知、情绪和行为方法

- 使用自然场景来让自己的头脑平静下来。
- 用音乐创造宁静的感觉。
- 激发自己的活力,抓住因为焦虑而错失的机会。
- 用行之有效的方法来放松身心。
- 避免因为过度思考而情绪紧张。
- 应用反转技巧,运用你的想象力来控制焦虑
- 使用特殊的五步走元认知方法来控制你的焦虑和恐惧。
- 探索如何停止对焦虑和焦虑的恶性循环思考。
- 学习如何使用 ABCDE 方法来克服焦虑和恐惧。
- 遵循时间和距离计划来消除特定的恐惧。
- 使用一种简单的卡片排序方法来应对恐惧。
- 以有组织的方式处理情绪创伤。

第 8 章

宁静风景的作用

实际上每个人都有一个能给自己带来宁静的且最喜欢的自然风景。可能是在岸边欣赏海浪，也可能是在山巅看日出。通过观赏这些对你来说意味着勃勃生机的场景，你能创建内心的宁静。本章提供了几个将优美的风景渗透进日常生活的方法：从看美丽风景的图片到在大自然中漫步，再到边听着放松的音乐边享受风景的宁静。

唤起宁静的感觉

走进大自然或是简单地观赏自然风光都能有令人平静下来的效果。你选择观赏的风景会影响你产生某种相应的心情或情感。宁静的风景会把你和你对安全舒适的栖息地的原始需求联系起来。有水的绿地看起来有强烈的积极效果。人们普遍渴望有水的风景，包括高山瀑布、海洋、河流、湖泊、池塘等。纵深的小路和河流会引起我们的好奇心，激发我们对奥秘的兴趣，并享受心驰神往的感觉。开放的空间可能比某个确定的场景更理想。开放性和复杂性（比如溪流的场景）的结合会激发我们探索的冲动，而与场景格格不入的物体是会分散我们的注意力的。如果你观察到一处美丽的风景地满是啤酒罐，你会感觉很恶心。因为这似乎预示着好似有黑暗的阴影会破坏这个场景的宁静。自然比人造建筑更有优势，然而，从人造建筑中观察开阔的景色也是不错的选择。

亲近大自然对神经系统有镇静效果。如果你感觉有压力，在公园锻炼五分钟、在花园散步、划独木舟或是在一条小径上散步都是可以放松的。只是简单地观看照片或是描绘自然场景的绘画作品也会有令人平静的效果。你可以通过实验，发现最适合你的方式。

优美宜人的自然景色也会减轻压力、促进健康。我们比较自然景色和城市场景，会发现在办公室环境中接触自然绘画能减轻压力和生气的情绪。观看自然场景比观看城市场景能让人更快地从压力中恢复。对居住在贫困地区的人来说，观赏开阔的绿色环境会降低心里的疲乏度。有趣的是，能给人带来宁静的场景在不同的地方和文化中相对稳定，只在某些地区中稍有变化。

专家贴士　用放松和理智来降低焦虑

埃文博士是理性情绪行为疗法领域的培训主管，也是加拿大金斯顿皇后大学精神病学和心理学的兼任助理教授。他分享了以下建议。

即使处在高度焦虑的状态里，你的大脑也能够坚持理性思考并保持可控，就像飞行员在气流中降落飞机。下次在你感觉要被焦虑打倒的时候，你可以尝试一个实验。为了获得最佳结果，首先在平静的时刻先练习很多次：想象一个难度适中的问题，然后使用第一步，想象对你来说很放松的场景和话语，接着执行下面的步骤。然后在感觉要被焦虑吞没的真实情况下，执行以下五个简单的步骤：

1. 设想有一个和平的景象。想象一个蓝色的湖泊，和煦的微风拂过水面，涟漪在阳光下闪闪发光。想象浪花拍打岸边的声音，现在想想"平静、平和、宁静"这几个词。
2. 观察你的成功。因为你能想象到湖、微风、涟漪和声音，你也能想象到"平静、平和、宁静"这几个词，你没有被困在你焦虑的思绪里。

3. 考虑一下你会采取什么行动来解决你的焦虑的情况。
4. 想象你迈出第一步的场景。
5. 然后就行动吧！

风景和你

你可能喜欢看瀑布或是乡村公路旁边的麦田。这些场景能短暂地提高你的记忆力，提升你的注意力，并优化你在认知任务中的表现。如果你住在一个人口稠密的地区，没有自然景观怎么办呢？如果你有一个喜欢的自然景观，刚好可以从窗户看到，请确保你每天都会向外看一看。如果你被混凝土和实木结构包围，没有开阔的绿色空间，那就放一盆好看的植物在你的窗台上吧。

将自然景观与锻炼结合起来

通过边欣赏漂亮的自然风光边进行体育锻炼，你会节省更多时间。与在社交性俱乐部或体育馆相比，在户外运动对心情和身体有着更显著的积极作用。

练习 在自然中漫步

威廉·J. 克瑙斯是一名执业的心理治疗专家，拥有40多年治疗焦虑症和抑郁症的临床经验。他曾在许多地方电视台和《今天》等全国性电视节目中亮相，参与的广播节目也有上百场之多。威廉·J. 克瑙斯的多篇文章发表在国家级杂志，如《美国新闻和世界报道》和《治家有方》，以及《华盛顿邮报》和《芝加哥论坛报》等重要报纸上。他是理性情绪行为治疗中心的主任之一。迄今已出版了20本著作，包括《终结焦虑症》《终结抑郁症》以及《终结拖延症》等。本书前言的作者乔恩·卡尔森是心理学博士和教育学博士，美国专业心理学委员会成员，目前是伊利诺斯州立大学心理学系知名教授。

锻炼是缓解紧张很好的方式，而在一个美丽的户外空间锻炼会更有益处。

宁静和风景图片

如果你不能立刻探访自然，图片是自然的很好替代品。看自然风光图片有一种令人宁静下来的效果，并能帮助你集中注意力去解决认知任务。风景绘画、照片以及用意象丰富的语言描述的情景都能唤起宁静的感觉。风景优美的彩色照片能引起和在自然中同样的感觉。

用图片或影像帮助提升轻松感有许多方式：

- 宁静的风景中一般都有水、有树、有山峦等。你可以挑选视线清晰的开阔空间的风景照片。
- 注意颜色。我们的宁静空间经常被蓝色的天空和绿色的风景包围。这是两种普遍受欢迎的颜色。
- 挑选能带给你宁静的风景图片作为电脑屏幕的壁纸。
- 用令人宁静的风景装饰你的家或工作区域，并把它们放置在你能频繁看到的地方。
- 练习去视觉化你喜欢的美丽风景。视觉化这样的场景有令人宁静的效果。

通过每天看风景，你会在时间的长河里累积令人愉悦的经历。

即将到来的机会

如果你对即将到来的机会感到焦虑且想要激励自己去试一试，那么你可以在想象或观看令人宁静的自然风景的同时对自己重复有激励作用的短语，然后投身到迎接这个机会中。

> **练习 放松并激活**
>
> 采取下列步骤来放松自己，并激励自己去追求一个有意义的目标。
>
> 1. 从一个你要达到的有意义的目标开始，比如为一个重要的考试而学习，你之前可能因为焦虑而一直推迟复习的行动。
> 2. 采取第一步，比如打开一本书学习。
> 3. 选择能唤起你宁静感觉的视觉图像，比如你最喜欢的海洋场景。
> 4. 想出三个为实现目标指明方向的激活短语，比如"我想通过考试""我感到放松，我准备好行动啦"或者"我打开了书开始学习。"
> 5. 思考或观看你选择的视觉图像的图片，直到感觉到宁静。
> 6. 记住这个宁静的形象，并将每个激活短语重复六次。

专家贴士 拍摄风景的五个阶段

北卡罗来纳州费耶特维尔的戴尔·贾维斯是一位平面设计师和职业摄影师，他还担任"第一地区"艺术与设计公司的总裁。他分享了五个拍摄宁静的风景的建议。

1. 遵循专业摄影师遵循的 6P 原则：提前好好计划就不会拍出差照片（Prior proper planning prevents poor photograph）。
2. 问问你自己，在镜头中我想看到什么？当你为镜头寻找目标时，请一直问自己这个问题。你这个阶段的想法很大程度上决定你最后会得到什么。
3. 所有的照片都有高度和宽度，人们对照片场景的兴趣会随着其深度的增加而增加。注意前景、中景和背景。这能帮助创造一种纵深感。

4. 好好利用前景物品。如果可能的话，放置一朵花、一棵树或另一个离相机近的物品来让照片更有趣味和纵深感。
5. 如果有可能，利用黄金时间来拍摄。这个时间是日升日落之前或之后的 30 分钟内，此时的自然条件是最利于拍出高质量作品的。

音乐与放松

听音乐是让人放松的物理措施之一。听放松的音乐能帮助降低血压，增强免疫系统功能，对减少疾病的压力和避免疾病有积极效果。

与放松有关的音乐的特点是声音模式的变化更多，音调更欢快，节奏更悠扬，以及有更加空灵明快的音调。重金属音乐、说唱音乐、流行音乐可以调动和激活情绪，是最不让人放松的。然而，从快音乐到慢音乐的突然转化会让人感到放松。

选择具有镇静效果的音乐可以让听者的生理上出现平静的感觉。选择古典音乐就会有一定的镇静效果。

当然，音乐在大自然中也有，比如鸟叫声以及我们在足够安静的户外可以听到的很多声音。选择正确的音乐会帮助你缓解生理上的压力，但大自然中小溪潺潺的声音会更加有效。

练习 把风景和音乐结合起来

选择五个你喜欢的场景和五个你喜欢的音乐片段。测试所有组合，给他们分级。坚持在早上和晚上各练习一次，每次五分钟。第二天使用另一种组合来重复这个练习。

只要你愿意，每天都可以这样做。试着找到最令你放松的练习是什么。

当你身体放松时，你就会有更好的想法，这种经历具有恢复身心活力的作用。当你放松的时候，你可能就不会担心了，这是一件美妙的事情。

你的进度报告

写下你从本章中学到了什么，以及你打算采取什么行动。然后记录下采取这些行动后的结果和收获。

你从本章学到的三个关键观点是什么？

1. _____
2. _____
3. _____

你能采取哪三种行动来对抗某种特定的焦虑或恐惧？

1. _____
2. _____
3. _____

你采取这些行动后的结果是什么？

1. _____
2. _____
3. _____

你从采取的行动当中收获了什么？你下次会做什么样的调整？

1. _____
2. _____
3. _____

第 9 章

放松身体,放松心灵

尽管在通常情况下,认知行为疗法治疗焦虑比放松训练更加有效,但放松训练能够帮助你提升心理适应性,并且可以作为认知行为疗法的一个有效部分发挥作用。就其本身而言,放松训练对于减轻焦虑有着或弱或强的效果,并且似乎对减轻一般性焦虑也有疗效。当涉及培养自信和控制恐惧时,放松训练和接触训练并用是很好的方法。本章介绍了几种放松训练的方法,包括腹式呼吸法、可视化方法、冥想法和正念减压法。

呼吸和放松

呼吸练习简单易学并且见效相对较快。心理学家乔恩·卡尔森阐述了一种"腹式呼吸法",它可以给大脑传递一种平静的信号。这种技巧是指用吸气时腹部扩张,呼气时腹部收缩的方式呼吸。根据卡尔森的理论,这种腹式呼吸法能够使人感到平静。缓慢的、用膈肌呼吸的训练有助于提升放松感、提高注意力和认知力。

练习 训练腹式呼吸法

跟随以下步骤练习使用膈肌缓慢呼吸。

1. 吸气，将腹腔扩张。把双手放在腹部，你可以感觉到你的双手跟随腹部向外扩张着。
2. 在大约 4 秒内，将空气吸满腹腔。
3. 屏住呼吸 4 秒钟左右。
4. 呼气超过 4 秒钟。
5. 等待 2 秒钟，然后重复以上步骤。

按照此方式呼吸 2～4 分钟或更长。一些人建议呼气时要超过 8 秒钟，你可以自行试验每一步，找到对你来说最有效的时间和技巧。

想象放松法

发挥想象力是帮助你放松的一个好方法。使用可视化方法是放松的途径之一，想象愉悦且令人放松的图像。

练习　看见愉悦的景象

找一个安静的地点，让自己的身心感到舒适。想象以下问题中建议的任一或每一个场景，每个 1 分钟左右：

- 你能想象一个黄色的风筝高高地漂浮在明亮的湛蓝色天空中吗？
- 你能看到一朵黄玫瑰在微风中轻柔地随风摇曳吗？
- 你能捕捉到一条林中小溪从葱郁的树枝下淙淙流过的声音和画面吗？
- 你能看到你自己在安静的房间里松弛平和地斜躺在一张摇椅里吗？
- 你能想象出一个有颜色鲜艳的热带鱼游来游去的水族箱吗？
- 你能把自己的身体想象成一个柔软的布娃娃吗？
- 你能想象夏天绿油油的草地上飘着薄雾的样子吗？

- 你能想象一片落叶轻轻地在空中飘动吗?
- 你能想象用轻柔的绿色画笔写出的"放松"一词吗?

你能体会到内心平和的感受吗?如果某个建议格外吸引你,那就把更多的时间放在与之相关的画面中。不要过分关注你在练习时是否做得优秀,因为它没有一个固定的正确的方式,你唯一的指导就是练习的结果。

另一个使用想象力放松的方式是石英石方法。

练习 使用石英石方法

找一块你能轻易握在手中的石英石(或其他任何的小石头),现在跟随以下步骤:

1. 把石英石想象成一个单向电流的二极管。
2. 紧紧握住这块石头,在满握之后慢慢松开,随着缓慢地松手,想象你的压力正流进石头中。
3. 想象你身体中的压力与紧张都被石头所吸收,并存留在石头中。
4. 2分钟之后,扔掉这块储存着你的压力的石头。

你可以想象是石头本身正逐渐吸收你焦虑的思绪,而不是你身体中的压力向石头流动。

冥想

在各式各样的放松技巧中,冥想通常会产生最强的放松效果。冥想是佛教用来感受人与世界和谐统一的一个传统方式。直截了当的冥想方法通常比更复杂且有仪式感的冥想更有效果。

在参与了以乔恩·卡巴特·津恩的作品为基础的一个内容广泛的八周正念减压疗法项目后,有心理压力的人们在记忆、学习、情绪管控以及客观判断力方面都有了提升,同时大脑中负责这些功能的区域的脑灰质也得到了增加。爱的冥想(LKM)也表现出大脑灰质在与同情和情绪管控相关区域的增长。人们使用爱的冥想来增加对全人类的无条件关怀。

对于减轻焦虑、抑郁和压抑,正念治疗也许和认知行为疗法一样有效。但正念冥想方法可能会受其他条件影响而有更理想的效果。例如,不评判的态度会更有助于产生宁静的效果。

练习　基础冥想方法

准备好用 10 分钟来测试这个简单的冥想方式。你可以坐下、躺下、靠着墙壁或者在林荫路中行走,找到舒适的姿势和安静的场所来进行以下的操作。

1. 当你已经感到舒适之后,重复一个单音节词或者发出像"哦"一样的声音,这是你所选择的咒语。把这个词语的声音拉长,例如把"哦"延长为"哦——"。
2. 缓慢地吸入空气,再缓慢地呼出。当你呼吸时,想着"哦——"这个词并把它哼出来;当呼气时,把它的尾音延长到最长。在 10 分钟之内每隔 10~15 秒钟重复一次。
3. 如果你心不在焉,回去重复你选择的词语。

完全心不在焉地集中精力在一个词语上可能会具有挑战性,但不需要强迫性地清除其他的思绪,你在这段时间中唯一的任务是重复你选择的词语。

如果你选择练习冥想方法,请在接下来的 8 周里有计划地一天做两次训练。选择对你最有效的一段时间,比如清晨或傍晚。看看效果如何。

> **专家贴士　恐惧不是永久存在的障碍**
>
> 亚特兰大心理治疗师埃德·加西亚认为,你越努力去避免恐惧,就越容易被恐惧支配你的生活。加西亚建议你考虑这个问题:要是你欢迎恐惧并邀请它与你人生的旅途同行,而不是把它看作需要摆脱的事物,会怎么样?把恐惧视为旅途中的一位乘客,而不是某段旅途中的固定障碍。

正念认知疗法

正念认知疗法将无偏见的佛教学与认知疗法结合起来。你需要将你不想要的想法视作你脑海中一闪而过的信息:不被它们所困。正念认知疗法有望减缓紧张、广泛性焦虑症、混合性焦虑抑郁障碍和由癌症治疗和复发引起的焦虑与抑郁。当不想要的想法进入你的脑海时,你可以使用正念方法。以下是支持这个过程的五种接纳方式:

1. 接纳焦虑性夸张只是心理事件,它们无法定义你的整体自我。
2. 接纳焦虑的想法和感受是短暂的事件,就像暴风雨转瞬即逝。
3. 接纳当下这个时刻的焦虑想法并不一定保证会引发接下来发生的事件。
4. 接纳生活本身就是包含了不愉快事件和痛苦,它们像过路的风一样去了又来。
5. 格式塔疗法的创立者弗里兹·皮尔斯表明,不要把某种想法或感受定义为不属于你,你要接受它们而不是否认它们。你的想法与感受来自你自己，它们现在是你的一部分，但不是你的全部。

专家贴士　使用认知疏解来避免接受消极的想法

设立内华达大学心理学的教授、接纳承诺疗法的联合创始者、《接纳承诺疗法：正念改变之道》的作者史蒂芬·海斯分享了他疏解消极想法的小贴士。

在我们正常的思维模式中，想法就是你认为的那样。如果你认为你自己不够好，那么就是不好；如果你觉得生活不值得，那么的确如此；如果你认为焦虑是一件糟糕的事，那么它就是。疏解方式不是为了彻底消除消极想法，而是为了帮助人们看清消极想法本身，从而有机会做更好的选择。疏解方法不是听命于思想，也不是我们头脑的"自动驾驶仪"，它是帮助我们后退一两步，能够用俯瞰全局的眼光看清我们内在的心理活动，同时不必根据想法采取行动，不必争论，不必抵抗或对想法言听计从。相反地，我们可以注意到它们，从中学习可取之处，然后把我们的注意力引向那些可以给生活带来意义、活力和目的的事情上。

想一个关于你自己或生活中最典型的、习惯性的、带有主观色彩的消极想法，来看一看疏解方法是怎样起效的。可以选择这些陈词滥调式的想法，比如"我从来都不够好""我与别人不同""我有一些问题"等，一次一个地尝试以下指导：

1. 想象一下你的小时候，想象一下你面前的那个孩子，当这个画面越来越清晰时，让孩子大声说出他的痛苦和烦恼。对年纪这么小却拥有这么痛苦想法的孩子，你怎么表达你的同情呢？你怎样对有同样痛苦想法的现在的你表达相同的同情呢？

2. 在脑海中清晰地形成一个困难的想法,然后用生日快乐歌的旋律唱出这个想法。当这个想法伴随着旋律流动时,考虑一下这个旧的定式思维是否真的是你的敌人,或者你是否可以让它待在那里,就像你对待一首老歌一样。

3. 还是回想那个消极想法,但在前面加上"我有这样一个想法"。如果你注意到你接下来的反应(额外的想法或情绪),也给它们贴上标签(比如"我有悲伤的感觉")。

4. 把消极想法提炼成一到两个关键词(比如这个想法是"我是一个失败者",把它提炼成"失败者")。现在在30秒钟之内尽可能快地大声喊出这些关键词。当词语开始失去意义,你开始注意它的声音和读起来的感受时,平和地思索一下是否可能让这个词语变成它本来之义——只是一个声音和一个流经你生活的瞬间。

一旦你看到头脑是如何成功制造了字面意义的幻觉,你就可以想出自己的方法来把控自己的思维。如果这些方法被用来帮助你了解大脑是如何利用诡计制造心中的幻觉的,那么它们的效果最好;如果它们被用作消除、嘲笑或减少你的困难想法的手段,那它们往往不起作用。原因是这意味着你正在接受另一个想法(即"另一个想法必须要完全消失"的想法)。疏解方法的目的不是赢得一场心理战争,而是两方停止冲突。

你的进度报告

写下你从本章中学到了什么,以及你打算采取什么行动。然后记录下采取这些行动后的结果和收获。

你从本章学到的三个关键观点是什么?

1. _____

2._____

3._____

你能采取哪三种行动来对抗某种特定的焦虑或恐惧？

1._____

2._____

3._____

你采取这些行动后的结果是什么？

1._____

2._____

3._____

你从采取的行动当中收获了什么？你下次会做什么样的调整？

1._____

2._____

3._____

第 10 章

如何打破认知和焦虑的联系

拉斯维加斯心理学家乔恩·盖斯在一次私人交流中讲述了一对同卵双胞胎在海滩上玩耍的故事：其中一个男孩兴高采烈地跳来跳去，他大喊着"哇呜"冲向海浪。而另一个男孩则紧贴着他的母亲。当母亲抓着他的手，试图把他带到水边时，他的眼里噙满泪水，用脚使劲扒着沙子不愿往前挪动一步。

为什么这对双胞胎对水的反应会如此不同？一个男孩认为水是一种乐趣，而另一个则认为水是一种威胁。我们如何感知事物会影响我们的感觉。盖斯并不是唯一提出这一观点的人：

- 希腊哲学家亚里士多德说，人们认为自己处于自傲、愤怒和羞耻之中。
- 古代的斯多葛学派认为情绪上的痛苦是由错误的判断引发的。
- 心理学家麦格纳·阿诺德提出情绪源于对事件的评价。
- 心理学家理查德·拉扎勒斯认为情绪是由我们对从何处获得幸福感的评估体系所触发的。

我们来自史前时代的情绪，被保留在其他反映现代社会学习、观念和评估的情绪之中。在应对焦虑和恐惧时，重点是要同时考虑到我们的原始情绪及建立在评价系统上的现代情绪。

五步走元认知方法

你的行为和情绪与你的想法契合。但你的想法是否合适呢？由错误的解读和观念所引发的痛苦需要被重新审视。

你的焦虑反映出了你定义、评估及判断情况的方式。做一个元认知的重新评估吧：以反思的模式推敲自己的想法，找出引起焦虑的观念，从而指导自己消除错误想法。相当多的人跳过了这一系列的重要步骤。

如何知道自己什么时候的想法是焦虑的呢？你可以通过这些想法的结果来判断。去感知它们！使用下列的五步走元认知方法来识别和化解焦虑吧。

1. 确定你的焦虑催化剂——任何会触发你的焦虑情绪的东西，比如一种情绪变化或对一个让你害怕的情况的预期。
2. 反思你所感知或相信的。你是否夸大了危险，就像海边那个受惊的双胞胎兄弟之一？
3. 区分幻想与现实。你可能会把即将到来的情况看作是一件可以压倒你的东西。写下那些让你感到不知所措的事情。你是否在告诉自己"这对我来说太沉重了？"如果是，那么为什么而沉重呢？是压力吗？
4. 从应对的角度重新评估你的情况。你要着眼于抵消寄生在焦虑中的观念，找到合理和现实的替代可能。
5. 通过让自己体验你认为无法忍受的情绪，比如焦虑、恐惧和抑郁来培养情绪的容忍度。

第 10 章　如何打破认知和焦虑的联系

> **专家贴士　注意自己在做什么**
>
> 加利福尼亚州圣迭亚哥的大牧师乔治·莫瑞里博士是一位临床心理学家,也是《治疗(第 2 卷):对神职人员、牧师和咨询师的思考》一书的作者。乔治分享了一个正念提示:
>
> 行为研究的文献证实了一种叫正念的临床工具,它可以用于改掉坏习惯和克服麻烦的情绪,比如焦虑。正念是"有意识地关注当下,不带偏见地体验每一刻的呈现而产生的意识"。
>
> 进行正念练习需要:
>
> 1. 专注当下感观及身体。
> 2. 识别当下的思维模式、情绪和身体知觉,并学会分辨知觉、想法和情绪之间的区别。
> 3. 练习基于你想要的、你感觉正确的、不会干扰他人权利的选择来做决定。
>
> 通过关注目标——你想要实现的目标——焦虑和恐惧就会变成透明的障碍,你在追求更伟大的事业或目标的道路上就能克服它们。

◎ 肯的故事

一位名叫肯的客户与交往很久的女友分手后患上了焦虑症,他因此极为挫败和抑郁。他十分焦虑,感觉自己再也无法爱上任何人了。他就是通过五步走元认知方法化解了对于失去的焦虑,让自己摆脱了不必要的痛苦,如下表所示。

肯用于提高分手后焦虑情绪耐受度的五个元认知步骤

1. 确定焦虑催化剂	肯一生的挚爱和他分手并与别人约会

(续)

2. 思考感知的触发条件和放大因素	肯写下所有的想法，这个行为使他推导出一个可怕的预测，即再也找不到所爱之人。孤独终老的想法令人忧虑不堪，而这成了他的现实
3. 区分幻想与现实	肯将他的想法中符合事实的部分与他夸大的部分分开。他对被背叛感到很难过且没有预见到背叛的发生，这种损失让人讨厌。然而，他再也找不到爱的人，会一个人老去的设想则是过于夸大的且无法被证明的
4. 从应对的角度重新评估自己的情况	肯首先通过寻找替代的可能性来重新评估自己的情况：(1) 是否有可能接受自己痛失所爱并克服痛苦活下去？(2) 是否有可能在想清楚自己遭遇到的失去和背叛之后，仍然在情感上感到难过？(3) 是否有可能最终克服失落感，找到一个既信任又爱的人？
5. 制定情绪耐受度培养策略	（1）肯连续 5 天每天抽出 1 个小时来感受自己的失落。当他选择让自己从遭受背叛的复杂情结中解脱出来并接受自己的悲伤时，他夸大自己的损失的倾向减少了。(2) 他开始接受他的悲伤源于他的回忆。他有很多不同的回忆，是这些回忆让他感到失落和悲伤。(3) 针对每一次回忆，他都植入了一个现实的和适度的情感标签来描述这段经历，比如"我很享受那段经历，尽管失去了，仍然可以享受这段记忆。"这种形式的情感标签不会淡化遭遇背叛的痛苦，也不会减少失去的悲伤。更确切地说，这是一种接受，即两种体验都是同一记忆画面的一部分

背叛和失去是复杂的。愤怒、焦虑、自我怀疑和指责是肯情绪包袱的一部分。但时间确实可以治愈大多数伤口。产生于现实问题的情境情绪最终会消失，痛苦会变得可以忍受，我们吸取的教训在未来会被用到。生活仍在继续。

你的五步走元认知方法

现在轮到你尝试五步走元认知方法了。挑一个问题,调整你的焦虑性思维。从元认知的角度面对焦虑,将事实与幻想分开(注意不要夸大其词)。通过减少不必要的消极因素和识别更大图景中的不同部分来培养自己的应对能力。行动起来,培养一种内在的忍耐力,不要试图压抑与情况相匹配的情绪。使用下面的表格记录你的进展。

提高情绪耐受度的五个元认知步骤

1. 确定焦虑催化剂	
2. 思考感知的触发条件和放大因素	
3. 区分幻想与现实	
4. 从应对的角度重新评估自己的情况	
5. 制定情绪耐受度培养策略	

情绪也许是自然产生的,它们可能会引发对自身的思考,或者它们可能会基于你对情况的评价而出现。认知性评估和情绪也可能相互影响。接下来就让我们来谈谈这个问题。

打破环形思维模式

焦虑通常遵循环形思维循环。当你的情绪反应证实了一个错误的猜想时，你就陷入了环形思维：我害怕床下有鬼，因为我有这种感觉，我的床下肯定有鬼。诚然，这种循环有点极端。用一种感觉来验证一个唤起它的信念是一种不靠谱的做法。这是一个常见的环形思维循环：你面对着一个与你个人相关但不确定的情况，你预料到一个可怕的结果并感到焦虑，然后你表现得就像最坏的情况已经发生。

有一种跳出循环的方法，即停顿足够长的时间，以注意到你的思维是循环的。如果你在结论前加上"我假设"这个短语（因为我感到害怕，我假设我的床底下有鬼），你也许能够阻止这个想法成为无可争议的信念。

用你的想象力控制焦虑

当你为同样的事情感到焦虑时，请关注你自己。你很有可能会听到围绕你的认知和行为主题构建的焦虑脚本。如果情形真是这样，你可以重写自己的脚本以实现具有不同功能的新叙述。

练习　坚持做自己

想象一下自己被焦虑包围，每种焦虑都像演员一样在你每天的生活中扮演不同角色。在这些演员中，有对社交焦虑的，有对不确定性焦虑的，有对失去控制感到恐惧的，还有许多其他不安定的焦虑角色，它们各自都有一个特殊的故事剧本。给每个角色起一个名字。想象一下正在播出的电视剧的情节中各种的角色。每个剧本的主题是什么？这是一个夸张的故事吗？故事的开头、中间、结尾分别是什么？

试着用一个你不尊重的人的声音来表达你的焦虑。音调的转变是否让你的焦虑的声音听起来很没有吸引力？

现在，让你的理智的声音成为故事的主角，把它写入脚本。这个叫理智的角色是怎么想的？理智感觉怎样？理智是做什么的？一个有用的建议是：当你重写剧本时，要表现得好像你是自己命运的主人，然后通过描述为什么会这样来平息你与焦虑角色间的任何争论。比如，你可以改变你的想法，你可以忍受紧张，你可以按照自己的最佳利益行事等。

还有另外一个建议：你可以问每个焦虑角色，"你为什么要采取行动阻止积极的改变和进步？"仔细地审查那些逻辑薄弱的答案，并反驳它们。

以这种方式面对你的焦虑，你可以获得一个不同的视角。你也可以运用你的想象力让理性的声音发挥更大的作用。如果在经历焦虑和恐惧思考时可以唤醒你的理智，那么你可能会发现改变焦虑的脚本会变得更加容易。

解决趋近－回避式冲突

幸福和焦虑是截然相反的。幸福是一种接近的情感，焦虑是一种回避的情绪。不足为奇的是，快乐时更容易成功，成功时更容易快乐。那是因为你倾向于接近那些能让你成功和幸福的机会。如果你将它们视为威胁，你就很可能避免这些相同的情况。

当你害怕你想要的东西时，你可能会感到进退两难。比如，你想要某样东西，但是当某种不舒服的感觉和你想要得到的东西联系在一起时，你就会想避免这种不舒服的感觉。现在你就陷入了趋近－回避式冲突。如果你能教会自己去面对那些你通常会避免的有价值的挑战，那么你将会增加成功和幸福的机会。有很多方法可以做到这一点。其中的一种方法就是权衡你的选择。

练习 正义的天平

思考一个你觉得值得但又让人在追求时感到焦虑的目标。比如，有一个你渴望的工作面试的机会（接近条件），但你害怕你会搞砸面试（回避条件）。你在欲望和焦虑之间徘徊，觉得自己卡住了。你将如何解决这个经典的趋近-回避式冲突呢？

假装你拿着一个正义的天平。天平的一边是"接近"，另一边是"回避"。从逻辑上讲，接近目标比避免恐惧更重要，但目前恐惧感更重。你能不能扭转局面，让我们更倾向于接近呢？

想象一下，实现目标的好处和摆脱恐惧的好处都被写在了小石头上，而避免这次机会的价值被写在纸巾上。每一张纸巾，都有一个相应的石头。

想象一下，你的每颗石头都刻有一项好处。（如果你的目标是一份新工作，这些标语可能是更好的薪水或更好的工作时间。克服恐惧的一些好处可能是更好的自制力，提高自我效能，减少不必要的恐惧带来的压力。）纸巾上也有标语，比如通过回避来缓解压力。在下面的表格中写下你正义天平的每一边的内容。

接近	回避
1.	1.
2.	2.
3.	3.
4.	4.
5.	5.
6.	6.
7.	7.
8.	8.
9.	9.
10.	10.

在这个练习中，接近的好处大于回避的好处。以这种方式衡量所得是公平的，特别是如果过去你经常选择回避的话。这种场景是否让你对如何为自己伸张正义有了不同的看法？

每当你将回避置于接近之前时，请牢记正义的天平。然而，除非你选择走上通向成功之路，否则这种智慧的视角也不会对你有太大帮助。

你的进度报告

写下你从本章中学到了什么，以及你打算采取什么行动。然后记录下采取这些行动后的结果和收获。

你从本章学到的三个关键观点是什么？

1. _____
2. _____
3. _____

你能采取哪三种行动来对抗某种特定的焦虑或恐惧？

1. _____
2. _____
3. _____

你采取这些行动后的结果是什么？

1. _____
2. _____
3. _____

你从采取的行动当中收获了什么？你下次会做什么样的调整？

1. _____
2. _____
3. _____

第11章

想办法摆脱焦虑

当你感到焦虑时,你会有与之相连的消极想法。比如,你可能担心失眠造成的疲惫。这种担心或许与你对疲劳的焦虑有关。你可能会将这种恐惧延伸,担心第二天你的思维和沟通混乱不堪。你可能对别人有可能拒绝你感到恐慌,而这与你的自我价值感有关。这种心理上的失调可以用"ABCDE方法"来解决,使用这种方法,你可以从几乎任何一种焦虑模式中得以解脱。本章以弗雷德的焦虑困境为例,说明"ABCDE方法"能够用来解决复杂的焦虑问题。

◎ 弗雷德的故事

弗雷德是一名有两个成年孩子的48岁鳏夫。作为一位成功的发明家,他退休后有充足的经济来源。在他退休后,他每周花费几个小时时间投入志愿工作中。他有着很强的家庭意识。只要有机会,他就会花时间和他的孩子们在一起。然而,弗雷德也有自己的问题,这些问题主要集中在他姐姐金吉身上——她的生活入不敷出。

金吉的生活充满着一个又一个的经济危机。有一次,她向弗雷德发牢骚说她将失去自己的家,和家人们露宿街头。弗雷德开了张支票偿还她的第二次抵押贷款。紧接着,她女儿的大学学费逾期了。她声称如果账户不及时更新,他的侄女就会被赶出大学,弗雷德又开了支票。接着呢,她儿子需要买一辆车来送披萨,她告诉弗雷德她担心儿子失业，除非他得到这份工作。于是，弗雷德给她买了一辆车。

弗雷德试图淡化他的亲戚们的问题的程度，他对自己说，人人终将恢复理智。但这种希望是一个幻觉。

弗雷德同他姐姐全家的关系并不全是负面的。他妻子活着时，两家曾一起度假。他对他姐姐的孩子们的成长以及家人们共同度过的生日和假期有着美好的回忆。他的孩子们和他姐姐的孩子们关系一直不错。他不想冒险失去他和金吉关系中积极的方面。

当弗雷德和金吉还是孩子时，金吉是占主导地位的姐姐。利用年长的优势，她经常操控弗雷德。当弗雷德读高中时，一旦金吉不喜欢他的某位女朋友，他就会甩了女朋友。

现在金吉不认可弗雷德的新未婚妻。这一次，弗雷德决定表明立场。他拒绝离开自己爱的女人。弗雷德讨厌任何形式的对峙。当他感到难以忍受对抗带来的焦虑时，他开始接受治疗。

设立目标

当你增加了对自己焦虑情绪的认知，你就会意识到你需要对你的生活方式做出一些改变。一旦你设立了新目标，你可以创建一个策略，并且运用适合的战术达成它们。比如，弗雷德意识到他无法为自己负责。他想让自己拥有能够为自己作主的决心，他想让自己拥有能够为自己作主的能力。这就是他的目标，他的策略是坚持自己的想法，因而他的战术包括使用"ABCDE 方法"思考自己与金吉之间的问题。

弗雷德意识到他姐姐表现得好像她有权得到他的帮助；她的行为具有"3E"特征：过分行为（Excesses）、自赋权利（Entitlement）和剥削他人（Exploitation）。他也开始认识到金吉总是使用"3D"策略：辩护（Defend）、否认（Deny）和转移责任（Deflect）。举个例子，当弗雷德对她的过度消费提出质疑时，金吉会表现的很有防御性，既矢口否认又推卸责任。

弗雷德最担心的是他自己的焦虑。他讨厌因为紧张而紧张。他视自己为一个软弱的人，因为他没有勇敢地面对自己的姐姐，这让他感到糟糕。弗雷德决定使用"ABCDE方法"来整理使自己感到焦虑的信息并消除焦虑的想法。

使用"ABCDE方法"

阿尔伯特·埃利斯的"ABCDE方法"是大多数认知行为治疗项目的常见部分，并且可以被用于克服任何寄生性焦虑模式。该缩写代表以下五个步骤：

A（Adversity）指的是逆境或触发事件。第一步是认知这个逆境或触发事件。

B（Beliefs）代表你对于逆境的信念。这些信念可以是不牢固的，也可以是坚定的。它们可以是合理的或错误的，或介于二者之间的。在第二步中，你确认你对事件的信念，并把它们分成合理和错误两个类别。（第四步会给你一个标准用以区分合理和错误的信念，这在某种程度上能帮助你对自己的焦虑情况形成一个现实的认知，并从而缓解你的焦虑。）

C（Consequences）代表信念带来的情绪和行为后果。在这一步中，你要列出合理信念和错误信念的后果。比如，你认为自己处于无助的且受威胁的环境中，其后果可能是恐慌。在这样的情形下，当你最好的选择是前进时，你可能会选择撤退。但是如果你相信你可以找到一种方法去应对时，你显然会觉得更有控制力。

D（Disputing）代表通过检查和挑战有害的信念体系来反驳它们。如果你是新手，注意这个步骤包括6个产生不同观点的问题，以帮助你反驳你的信念。你需提供以下这些问题的答案：（1）这个信念符合现实吗（即这个信念是可以通过实验确定的还是基于事实的）？（2）这个信念是否支持实现合理的和建设性的利益和目标？（3）这个信念是否帮助培养积极的关系？（4）这个信念是否符合可估量的现实？（5）在事件发生的背景下审视这个信念，它是否看起来合理和合乎逻辑？（6）这个信念通常是有益的还是有害的？一旦你掌握了6步提问法，你就可以定制你的问题。（关于如何进一步反驳焦虑性思维的例子，见第16章和第22章。）这个提问过程可以引导你形成相对无误的信念和不对现实情境过分夸张的视角。

E（Effects）代表通过认识和反驳有害思想而产生的新影响。在确定和弄清楚了基于情绪化的信念之后，你现在可以在可行性、理性和实验的基础上创建一个建设性的观点。

虽然"ABCDE方法"不会消除正常的情绪，比如失落、后悔、基于现实的焦虑和恐惧，但它可以大大减少因错误的期望、夸大和错误的假设而产生的不必要的紧张。

下面的"ABCDE"表格描述了弗雷德是如何整理他和他姐姐关系的信息以及他是如何努力克服焦虑的。弗雷德最担心他自己的焦虑。他讨厌因紧张而紧张。他说，因为没有勇敢地面对姐姐，他认为自己是个软弱的人，这让他感到糟糕。因此，他首先专注的是在姐姐面前坚定自己的想法。

弗雷德应用"ABCDE方法"后的解决方案

逆境或触发事件：姐姐通过剥削性的和操纵性的手段从弗雷德这里获得金钱等来掩饰自己的财务问题
对于事件的合理信念：我不喜欢被逼到角落；我不得不屈服于姐姐对金钱的无理要求，不得不通过我把她从她自己过分行为的后果中解救出来
合理信念带来的情绪和行为后果：悔恨、对姐姐的行为感到失望、对这种情况的厌恶

（续）

对于事件潜在的错误信念：我不能对抗我的姐姐；相信妥协的态度会消除焦虑
潜在错误信念的情绪和行为后果：因为屈从而自我厌恶；不能容忍紧张并逃避紧张

反驳潜在错误信念：弗雷德提醒自己他的家庭价值观是什么。他意识到如果姐姐生病或她深陷自己无法控制的困境时，他是想要帮助她的；但他不想帮助她重复那些实际上是自我毁灭的习惯。考虑到这一点，弗雷德提出并回答了以下六个问题：

1. "我认为我不能对抗姐姐的信念符合现实吗？"
   答："不符合。有例外情况发生。比如尽管姐姐强烈反对，我和未婚妻仍然结婚了，并且我拥有美满的婚姻。我有说'不'的权利。"
2. "我认为必须避免与姐姐发生金钱冲突的信念是否有助于我实现建设性利益和目标？"
   答："否。这实际上削弱了我对克服与她的需求相关的焦虑的兴趣。"
3. "我通过投降以避免冲突的信念是否会促进我与姐姐的建设性关系？"
   答："否。我和她的关系在这方面是不正常的。只要她相信她可以从我这里得到她要求的任何东西，它就可能持续下去。"
4. "我无法为自己辩护的信念符合现实吗？"
   答："不符合。认为我自己太软弱和如果捍卫自己的立场就会被她打压的信念是一种恐惧，而不是现实。"
5. "我对屈服的信念在事件发生的背景下看起来合理吗？"
   答："不合理。我姐姐的过度开销、权利观念和剥削性操作才是不合理的。为了避免冲突，我允许自己贬低自我价值感，给自己贴上软弱无能的标签。这个结论基于一个神奇的观点，即我的价值取决于她的认可。"
6. "我的妥协信念通常是有益的还是有害的？"
   答："在这种情况下，通常是有害的。它耗费时间、情感能量和金钱，却没有任何回报。"

驳斥练习的效果：对这个问题有更理性的看法；拒绝金吉要求自己帮她摆脱财务困境的决心；认识到自我价值并不依赖于对他人的期望和要求投降；自我接纳，不管姐姐认可与否；认识到对紧张情绪的宽容将有助于建立一种内在控制感使用"ABCDE方法"后弗雷德清楚地了解到自己的情况。结果,他采取了行动并不再屈服于金吉的经济要求。他汇报说自己因此感到宽慰。他注意到金吉开始量入为出。他新获得的勇气对她也很有帮助。

练习 ABCDE 实践

使用"ABCDE方法"来应对你的主要焦虑。在下面表格中写下你的逆境(或触发事件),一些对于逆境的信念(既包括合理的也包括潜在错误的),以及拥有这些不同信念的情绪和行为后果。然后就潜在的错误信念进行驳斥,看看会发生什么。最后,写下这个过程带来的效果。

你应用"ABCDE方法"后的解决方案

逆境或触发事件:
对于事件的合理信念:
合理信念带来的情绪和行为后果:
对于事件潜在的错误信念:
潜在错误信念的情绪和行为后果:

（续）

反驳潜在错误信念：

1. 这个信念符合现实吗？（这个信念可以通过实验来证实吗？有证据支持这个信念吗？它是不是基于事实？）

2. 这个信念是否支持实现合理的和建设性的利益和目标？

3. 这个信念是否帮助培养积极的关系？

4. 这个信念是否符合可估量的现实？

5. 在这个信念发生的背景下，它是否看起来合理和合乎逻辑？

6. 这个信念通常是有益的还是有害的？

驳斥练习的效果：

专家贴士　用正念和理性思考化解焦虑

文森特·E.帕尔医生是坦帕市一家私人诊所的心理咨询师。迈克尔·格雷戈里曾是一名佛教僧侣，现在在佛罗里达州帕尔梅托正念冥想中心做指导。他们一起提供了结合理性和正念方法的重要提示：

如果你患有一种寄生性焦虑症，使用正念和理性思考相结合的方式来对付它。将你的假设思维与这个焦虑等式相匹配：$A = WI + Aw + ICSI$。

在这个公式里：

A 指的是焦虑或消极的恐惧感；

WI 指的是假设一些非常糟糕、危险或威胁性事件发生在你或你爱的人身上；

Aw 指的是想象最坏的结果，或在情感上极度夸张，用糟糕和可怕来定义真实或想象的情况；

ICSI 意味着"我无法忍受"，你认为你不能忍受不愉快的感觉。

首先，接受你捏造了一个未来事件（WI），害怕这种可能性的发生（Aw），并认为自己无法忍受你并没有证据证明其存在的事情所带来的情绪（ICSI）。

你怎样才能停止用假设思维折磨自己呢？

- 认识到寄生性焦虑正发生在你的脑海中，并允许自己毫不费力地观察它如何发展。
- 提醒自己保持警觉，这是一种对自我和周围环境的非反应性和非判断性的意识。
- 接受这种寄生思维是一种心理投射，将可怕的想法和图像与焦虑联系起来，但想到某州灾难并不能证实灾难的存在。
- 释放你预期中的灾难形象，允许它像神经元的错误放电那样流过你的大脑。
- 从被动的角度转向主动的角度。以现实和自信的方式跟自己交谈。比如，寄生性焦虑的肥料是想法和图像。如果没有伴随着焦虑而来的想法或图像，这种焦虑是不存在的。
- 使用应对性陈述来挑战 Aw 和 ICSI 思维。比如，尽管我想象的真的发生了，那也只是和我想的一样糟糕。我可以忍受——尽管很不开心——我不喜欢的东西。（适当的应对性陈述是基于大量研究的减轻负面情绪的方式。）

> **你的进度报告**

写下你从本章中学到了什么,以及你打算采取什么行动。然后记录下采取这些行动后的结果和收获。

你从本章学到的三个关键观点是什么?

1. _____
2. _____
3. _____

你能采取哪三种行动来对抗某种特定的焦虑或恐惧?

1. _____
2. _____
3. _____

你采取这些行动后的结果是什么?

1. _____
2. _____
3. _____

你从采取的行动当中收获了什么?你下次会做什么样的调整?

1. _____
2. _____
3. _____

第 12 章

打败恐惧的认知行为疗法

直接面对是从认知、情绪和行为上克服害怕、恐惧以及恐慌情绪的关键组成部分。作为一种学习形式,它意味着你会不断地让自己接近一个令你畏惧的情境。通过这个适应过程,你重新训练你的大脑,让它停止对并不危险的情况过度反应。

本章介绍了朱迪、戴尔和桑德拉如何面对恐惧的过程,他们最终都克服了自己内心的那份极度恐惧。你可以利用个案中你认为对自己有所帮助的方面。

克服恐惧症

恐惧症,就像恐高或恐惧黑暗,可以在人生的任何时候出现,但它们通常始于童年,这个时期我们无法区分理性和非理性的观念和恐惧。如果这些恐惧延续到成年,那么你可能会意识到你的恐惧是不理性的,但恐惧会因你继续避免任何触发它的情况而持续。

◎ 朱迪的故事

朱迪从小就对黑暗有一种病态的恐惧。她以为这源于她叔叔告诉她的一个关于"妖怪"的故事。这些幽灵在无声无息中穿过黑暗,偷窃不规矩的小孩子的灵魂。她回忆起在她听了那个故事后,自己对黑暗所感到的恐惧。她知道自己并不完美,她认为妖怪会来找她。

为了缓解她的恐惧,她父亲建议她把房间里的灯打开。她母亲说:"妖怪不会来亮灯的地方找你。"这使她平静了下来。但她仍然怀有一种病态的恐惧,她害怕处于黑暗中,害怕她的灵魂被看不见的妖怪撕裂。

朱迪担心如果灯灭了,她便没有安全的地方可以躲藏,这样会发生什么。她用备用物品来解决这个问题。她在卧室里放了蜡烛和一盏充电手提灯。她的父母认为这太夸张了。尽管她父母相信她会摆脱恐惧,但朱迪对黑暗的恐惧一直持续到了成年。

当然,这个妖怪的故事很蠢。朱迪大约在她不再相信牙仙的同一时期意识到了这一点。然而,她对黑暗的恐惧仍在继续。她的恐惧影响到了她的社交生活。在她的青少年时期,朱迪拒绝去夏令营,因为她知道总有一个时候灯会熄灭。她想避免恐慌和被同龄人嘲笑。出于同样的原因,她拒绝和朋友们出去过夜。年轻时,她错过了她最好朋友的婚礼,因为婚礼是在晚上举行的——她想避免恐慌和被同龄人嘲笑。

她的恐惧蔓延到了其他黑暗的情境,比如晚上开车或穿过光线昏暗的隧道。不过,她相信在车顶灯的照耀下她是安全的。当被邀请外出约会时,她自动拒绝了,她担心自己会向约会对象暴露她对黑暗的恐惧。朱迪把她对黑暗的恐惧比作一股在夜晚战胜她的外星力量。26岁的朱迪仍旧开着一盏灯睡觉。

朱迪看起来好像过着正常的生活。如果你不了解她对黑暗的恐惧,你可能会认为她是一个可爱、乐观、无忧无虑的年轻女人。她上过走读大学,并获得了新闻学学位。她为一家大型出版社做自由编辑。与此同时,朱迪继续和她的父母住在一起,她父母鼓励她获取帮助来应对她对黑暗的恐惧。她决定看看是否能找到办法摆脱恐惧。

战胜恐惧的"时间和距离"计划

通常,恐惧可能是如此的根深蒂固,以至于打败它需要在许多层面上解决。

在朱迪的案例中,结合认知、情绪容忍和行为接触的方法对她是有希望的。为了对抗她对黑暗的恐惧,她列了一个包括时间和距离维度的计划。这个计划包括通过宣称自己是一个软弱者并责怪自己,来解决她制造双重麻烦的强烈倾向。

朱迪的"时间和距离"计划

恐惧黑暗的维度	认知	情绪容忍	行为接触
时间维度	通过反思焦虑—恐惧的思考模式来应对双重烦恼	拒绝接受你无法忍受其紧张感的想法	设计一个慢慢接触恐惧的计划,通过采取渐进的步骤来逐步克服对黑暗的恐惧
距离维度	克服那些会引发恐惧感并唤起逃避冲动的恐惧想法	利用你的智慧、聪明才智和意志来克服紧张感,以战胜恐惧	通过逐渐体验对黑暗的恐惧,在对自己负责的情况下直面恐惧

运用认知和情绪容忍策略

在通过接触恐惧来面对它之前,你可能需要解决某些阻碍你的认知或情绪的问题。比如,在朱迪意识到她对自己有着双重疑虑的思维模式后,她决定质疑这种想法。首先,她告诉自己"宽容驯服恐惧",这个口号让她感觉到她有权利感到恐惧,也有权利想出处理恐惧的方法。从这个角度出发,她使用了一些认知干预措施来缓解她的双重疑虑问题:

- 朱迪一直认为自己是一个怕黑的软弱的人，但对自己的这种负面评价给她带来了多重麻烦。在朱迪看来，她对黑暗的恐惧是软弱的表现，是性格的缺陷。然而，随着时间的推移，她开始接受——而不仅是鹦鹉学舌——怀有愚蠢的恐惧是一种不好的思维习惯。她意识到她之所以将自己称为软弱的人，是为了解释她为什么感到害怕。通过把自己对黑暗的恐惧重新定义为一种后天习得的习惯，她觉得她可以学着打破这个习惯。
- 朱迪怕自己会发疯。朱迪认为她的恐惧会让她失去自我，失去理智。当她得知害怕发疯是一种常见的恐惧症，这个症状甚至有一个名字——恐疯症——她的害怕很快就消失了。相反，她开始认为自己对黑暗的恐惧让她感到非常不愉快。这个描述更符合现实。
- 朱迪一直在责怪自己因为恐惧而失去机会。在这种情况下，指责是为一个已经不好的情况增加了多余的负面意义。谴责自己失去的机会就像过着倒车的生活，过去是不会改变的。朱迪意识到，虽然过去已经过去了，但她可以重新审视和重新解释事件。虽然她不能再回去做出一番改变，但她可以从今天开始过不一样的生活。

为自己减少双重烦恼后，朱迪意识到她对自己更加宽容，对于感到恐惧也不那么担心了。是时候把她的新观念应用到解决怕黑的挑战中了。

运用渐进的接触技巧

克服非理性恐惧的关键是体验恐惧；慢慢地把自己置于令自己害怕的处境中，你会发现没有什么好害怕的。

因此，朱迪克服黑暗恐惧的方法包括置身黑暗之中。她希望让自己明白，黑暗和因身处黑暗而产生的恐慌都不会使她崩溃。她已经准备好承受黑暗，即使越黑暗，她的恐惧就越大。

持续发生的恐惧在很大程度上包括一种失控和无力的感觉。但是，当你可以去控制时，会发生什么呢？这会改变你对情况的感知吗？朱迪已经知道这个问题的答案了。虽然朱迪害怕黑暗，但朱迪很喜欢读发生在晚上的恐怖故事。当她在读恐怖故事时，她知道她可以选择合上书；因为她知道自己有这个控制力，所以她不需要对此进行锻炼。朱迪发现她喜欢这个想法，即她可以控制黑暗的各个方面。朱迪决定尝试逐渐接触黑暗，在黑暗中她将学会忍受在可控的范围内的紧张情绪。这个计划使她能够逐渐增加对恐惧处境的接触。

朱迪晚上开始在卧室里使用调光开关来调节照明水平。她一开始把光调到最亮，然后有意地逐渐降低了灯光的强度。当她感到紧张时，她没有提高灯光的亮度，而是一直保持紧张感，直到它消失。然后，她发现她的紧张并没有持续下去。她发现这一阶段比她预想的更容易。

手握调光器的开关，朱迪感到她控制住了局面。但有一次，她失去了控制力，打开了灯。这样的挫折在接触计划中并不罕见，而且很容易解决。朱迪一小时后就回到了她的卧室，重新开始实施她的接触计划。这一次，她把灯开得更亮一些，直到她在那个亮度上感到舒服为止。然后，她又把开关调低了一档。她发现她不再觉得需要逃跑了。

在逐渐调暗灯光进行了十天之后，朱迪可以关掉灯了，在开始感到紧张前，她能在黑暗中待上一分钟。慢慢地她在黑暗中待的时间增加了三分钟。当朱迪在黑暗中独自待着的时间达到了六分钟的里程碑时，她开始使用卧室里昏暗的夜灯，而不是她习惯使用的那盏高强度的灯。三个星期后，朱迪关掉了夜灯，在黑暗中睡着了。此后，她可以开着夜灯或关着夜灯睡觉了。

通过接触黑暗，朱迪明白了恐惧的感觉是受时间限制的，是可以忍受的。知道自己可以忍受恐惧让她感到了一种巨大的成就感。

解决相关的恐惧

对行为接触方法的一种批评是,在一种情境下学到的东西通常不会自动转移到另一种情境中。朱迪发现,在学会了关灯睡觉后,她可以自己进入一个黑暗的地下室,而不会感到太恐慌。她在脑海里解决了一些问题,她知道自己可以忍受恐惧。然而,她仍然害怕在晚上开车,所以她决定接着去解决这种恐惧。但现在她知道该做什么,该期待什么了。

为了消除晚上开车的恐惧,她把不透明的塑料片安装在车顶灯上,这样她就可以逐渐降低灯光水平,直到在晚上没有车顶灯的情况下也能开车。她在开车穿过隧道时重复了这个过程。不到一个星期,她就能在没有车顶灯的情况下在晚上开车,并穿过隧道了。

一份认知、情绪和行为计划

这份行动清单总结了朱迪用来克服她对黑暗的恐惧的认知、情绪和行为计划:

- 每当双重问题这种想法出现时,击倒它。
- 设计一个分阶段的可控的接触顺序。
- 从最不紧张的阶段开始,坚持下去,直到掌握了不恐惧的秘密。然后继续转到下一个阶段。
- 定制自己的节奏。不要着急,大脑整合经历中的新信息需要时间。
- 如果遇到挫折,重新试一下,也许可以调整一下计划。

当你起草自己的接触程序时,你可以遵循这些基本步骤。

在你不再因你的恐惧而受到限制,你会怎么生活呢?在朱迪的案例中,她约会了;她参加了新闻学的晚间课程;她获得了硕士学位；她去度假了，这是她以前没有做过的事情。她也有过一些挫折和损失。尽管如此，她还是觉得自己的生活令人兴奋而有意义。

> **专家贴士　尽管害怕，也要接触你的恐惧**
>
> 　　斯克兰顿大学杰出的心理学教授、心理学家兼作家约翰·C. 诺克罗斯博士分享了这个关于如何利用行为接触疗法的技巧：
> 　　"你身体里每一根焦虑的骨头都在恳求你避免焦虑：躲开！别去想它！我们的大脑天生就想最大限度地享受快乐，避免痛苦。
> 　　"但是，回避越积越多，变成了问题，加剧了焦虑。回避是自我挫败行为的标志。
> 　　"逃避的反面是以一种健康的方式接触恐惧：直面可怕的情况。它不像'就这么做吧'那么简单，也不像'把它们扔进游泳池的最深处'那样夸张，而是一系列可学习的技能：学会放松；逐渐暴露在恐惧之中；不要过早地逃离恐惧的处境。
> 　　"而且，正如你从童年经历中学到的那样，巨大的恐惧在几分钟或几个小时内就变得相当容易控制。相比之下，逃避会让恐惧持续一生。
> 　　"慢慢地去和恐惧接触，学会利用几十年的研究成果来帮助自己。在面对可怕的情况之前，记得要放松。如果你有一个值得信赖的朋友或导师陪着，最初的几次与恐惧的接触过程可能会更容易。如果你的焦虑仍然强烈，那么首先在想象中去接触让你恐惧的情形，直到你变得不那么害怕，然后再去靠近这个真实的处境。不要太快逃离这种情况，从长远来看，这只会加剧恐惧。一直保持接触，直到你的焦虑减少了50%。这样，你就会体验到进步，并开始将这些糟糕的担忧转变为切实可行的想法。最后，无论如何，让我们看到面对恐惧和练习接触的巨大回报吧！我们都习惯性地逃避恐惧，你的成功是应得的。"

行为卡片分类技巧

行为卡片分类技巧对那些患有陌生环境恐惧症的人特别有帮助，这类人想要克服恐慌和对靠近"不安全"地点的恐惧。这种方法很简单：

1. 你确定了引发恐惧的主要地点。
2. 你可以想象距离那个地点一系列的位置，从最安全的到最可怕的距离。
3. 您可以将这些地点写在一个指示卡上。
4. 您可以在指示卡上写下不同的距离状况。
5. 你对卡片进行排序，以列举一个从最不可怕到最可怕的排序项目的列表。

你现在有了一张从最安全到最可怕逐渐陈列的地图，通过它你可以循序渐进地控制你对"不安全"地点的恐惧。

◎ 戴尔的故事

戴尔是一名35岁的生物专业本科生。如果他走进一间教室，而离教室门最近的座位已经被占了，他就会惊慌失措。他想要靠近门，这样如果他在课堂上出现恐慌反应，他就能迅速离开大楼。他最主要的恐惧是出现恐慌时无法逃脱。他离门口越远，他就越害怕。

为了避免因为找不到"他的座位"而感到恐慌，戴尔通常提前20分钟到教室。靠近门口对他来说是至关重要的。那是他的安全毯。

然而，靠近出口只是冰山一角。他的恐惧在他处于高楼层时会增加。因此，他根据建筑的高度选择了当地的一所大学。他的主修学科所在的科学大楼共有三层。当他需要上的课程安排在一楼时，他就去上。否则，他就会等着。

由于从家里继承了一小笔遗产，戴尔本来不需要工作，但他的遗产最终会耗尽。这一经济现实加上他的恐惧，促使他决定采取行动来消除他的恐惧。

使用行为卡片分类技巧

行为卡片分类技巧有助于组织你如何进行行为接触，特别是在有多个变量时。戴尔的行为卡片分类技巧为他如何工作提供了一个很好的例子。他的卡片分类排名涉及三个教室地点和五个邻近条件。这些地点是科学大楼的一至三层。戴尔根据每个教室离门的距离来定义他的距离状况。他的距离状况的下限是在一楼上课，坐在离门最近的一排且离门两个座位的地方；上限是坐在三楼教室的中间排的中央。

戴尔根据位置和邻近条件设计了一个分级行为接触计划，分级从最不严重到最严重排列。

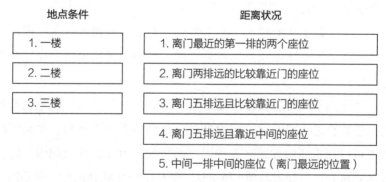

戴尔在春季学期开始了基于他的行为卡片分类的行为接触治疗。那年春天，他在同一栋楼的一楼上了四门课。这为他提供了充足的学习机会；他可以每天重复行为卡片分类计划。他从第一个位置和距离条件开始慢慢进步。当他对第一步感到相当舒服后，他采取了第二个距离步骤，即坐在距离最靠近门的座位两排的位置上。到学期结束时，戴尔可以舒服地坐在一楼教室的任何地方。他对行为接触计划的结果很满意。

夏季学期，戴尔参加了二楼和三楼的课程。他决定利用学期之间的休息时间来消除他对处于高层教室的恐惧。第一个挑战是爬二楼和三楼的楼梯。为此，戴尔雇了一名心理学研究生作为助手。这个学生先是和他一起上楼，给他提供一种安全感。接下来，这个学生落后戴尔30秒钟，然后落后他1分钟，再后来落后他2分钟，最后不再陪着他了。戴尔重复着这个从二楼到三楼的时间间隔技术。不到一个星期，他就发现自己可以独自走到三楼了。

为了试验，戴尔趁二楼和三楼的教室没人的时候进入教室。从二楼的教室开始，他根据行为卡片分类计划更换座位。然后，他在教室里的每个座位上（大约30个）各坐了大约1分钟。他在三楼重复了这项练习。他在报告中说，他对过多的步骤感到厌烦，但他也说恐惧消失了。

当他开始上课的时候，他感到有些害怕。教授和学生出现在教室所产生的影响比他预想的要大。这正是他最害怕他的恐慌症会发作的原因。

为了面对他对恐慌的恐惧心态，戴尔思考了"如果其他人看到自己恐慌会怎么想"这一恐惧问题。他面临着一个矛盾：如果不同的人可以用不同的方式来看待同样的情况，为什么他的同学一定会像他看待自己一样看待他？他承认，即使他确实感到恐慌，很多同学可能根本不会注意到他；而且，如果最糟糕的情况发生了（如果他在课堂上惊慌失措，无法逃走），他仍然可以无条件地接受自己会犯错的事实。这番领悟给了他一个积极的新视角。

上课开始一周后，戴尔称他可以舒服地坐在任何一个教室的任何地方。他克服了学业上的一个重大障碍。

应对其他因素

有时候除了地点和邻近条件,你可能需要处理其他的恐惧因素。比如,戴尔也害怕餐馆,在那里他不能控制自己的位置,而且人越多他的痛苦程度就越大。也就是说,人群条件(在场的人更少或更多)是他害怕在餐馆的一个因素。现在他要解决的问题有三重因素构成。

在他的第二级行为接触试验中,戴尔选择了一家快餐店。他使用了以下行为卡片分类排序系统:

地点条件	人群条件	距离状况
快餐店	1. 几乎没人	1. 靠门坐
	2. 中度拥挤	2. 坐在餐厅中间
	3. 人特别多	3. 坐在离门最远的地方

他最不担心的情况是当餐厅几乎空无一人时,他会靠门坐。最担忧的情况是当餐厅拥挤时他不得不坐在离门最远的座位上。有趣的是,戴尔表示并不害怕去点餐台点餐。点餐台离门很远,但他相信是站着的姿势对他影响很大,不然,他就无法解释了。然而,他在点餐台轻松自在的事实使他重新考虑了自己需要靠近门的假设。

在这个渐进性行接触试验的三周内,戴尔不再担心他在餐厅的座位了。

使用行为卡片分类技巧,使戴尔能够集中精力建立对不同位置、邻近程度和人群条件的控制。作为成功带来的意外结果,他不再对恐慌感到恐慌。

> **练习** 使用行为卡片分类技巧

创建自己的行为卡片分类排序系统，将自己暴露在你所逃避的情况下。列出地点、人群或邻近条件，将它们从你最不害怕到最害怕的情况进行排名。请注意，你可能只需要处理地点和距离问题，或只需要处理距离和人的问题，所以请根据你的需要修改行为卡片分类技巧。

你的行为卡片分类排序系统

地点条件	人群条件	距离状况

当你有一个特定的恐惧，你可以按照从最不强烈到最强烈的条件进行排序，这时候行为卡片分类技巧最有效。

克服创伤后的恐惧和焦虑

在对狗进行的经典条件反射实验中，著名的生理学家伊万·巴甫洛夫将中性刺激——铃铛和电击结合。狗听到了铃声，不到1秒钟，它也受到了电击。经过几次配合使用后，这个铃声引起了狗的恐惧。铃铛被称为有条件的刺激。通过它与电击的密切联系，铃铛引发了恐惧。

当一种令人惊恐的反应被赋予到环境中的某个中性特征上时，这个特性变得与之相关。比如，患创伤后休克症的人，经常将创伤发生的环境中的某一部分与创伤经历联系起来。

第 12 章 打败恐惧的认知行为疗法

◎ 桑德拉的故事

桑德拉当时在一所着火的大学宿舍的三楼。她用力咳着,喘着气,被烟熏得直流眼泪。她后来多次回想起关于那场火灾和当时自己如何死里逃生的过程。在那次事件之后的几年里,桑德拉闻到烟味时都会感到恐慌。她不敢靠近三楼。她开始担心自己的焦虑最终会影响她的健康。

通常情况下,人们在短时间间隔内接触的刺激条件越多,对其带来的恐惧就越有可能减弱和消失。然而,在桑德拉的案例中,她需要更长的时间间隔。她去了一家有着壁炉的餐馆,壁炉内木头在熊熊燃烧,她在离火最远的地方找到了一张桌子。她和她最好的朋友一起去的餐厅并点了她最喜欢的食物。两个月以来,她选的位子逐渐越来越靠近壁炉,她对烟味的恐惧几乎没有了。然而,她仍然不喜欢烟的味道。

为了克服对三楼的恐惧,她乘坐电梯时有意地按下了三楼和四楼的按钮。当电梯到达三楼时,门开了。起初,她待在电梯里的后方。当她感到舒服时,她走到电梯中央。最后,她走出了电梯,但在门关上前她又回到了电梯里面。很快,她就能毫不畏惧地走进三楼了。她通过走楼梯重复这个行为接触试验——这种情况与她在大学宿舍里发生的状况最接近——直到她不再感到害怕。

桑德拉是否应该花时间和精力处理那些她通常可以避免的且不会对她的生活产生重大影响的恐慌情况呢?她想停止对火灾的回想,她不想再对安全的环境感到恐惧。试验结束之后,她不再因闻到烟味而恐慌,不再因身处三楼而害怕,也不再回想起火灾。

在某些情况下,解决一种恐惧会对其他恐惧产生跨诊断效果。有时,不会有这样的效果。然而,你可以将你在一种焦虑-恐惧情境中学到的东西应用到另一种情境中。朱迪、戴尔和桑德拉都经历了严重的恐惧,这种恐惧蔓延到了他们生活的其他领域。在解决这些主要恐惧的过程中,他们每个人都能将所学的东西转移到其他相关的恐惧上。知道该做什么,并知道你能做到,这是有益的!

你的进度报告

写下你从本章中学到了什么,以及你打算采取什么行动。然后记录下采取这些行动后的结果和收获。

你从本章学到的三个关键观点是什么?

1. _____
2. _____
3. _____

你能采取哪三种行动来对抗某种特定的焦虑或恐惧?

1. _____
2. _____
3. _____

你采取这些行动后的结果是什么?

1. _____
2. _____
3. _____

你从采取的行动当中收获了什么?你下次会做什么样的调整?

1. _____
2. _____
3. _____

第三部分

如何解决特定的恐惧和焦虑问题

- 做一个测试,看看你的担心有多严重。
- 学习多种停止担忧的方法。
- 通过五个阶段的改变来控制对未知的恐惧。
- 克服对失败的恐惧。
- 对不愉快的焦虑情绪建立宽容。
- 学习如何减轻焦虑的想法。
- 了解恐慌反应是什么。
- 探索如何从恐慌中解脱出来。
- 使用实证有效的方法来克服害怕和恐慌。
- 用经典的方法克服恐惧。
- 学习克服焦虑的多模块方法。
- 焦虑出现表明有些地方出了问题,应及时把握这一时机。

第13章

逃出担忧之网

担忧是一种对极少可能发生的消极事件的心理上的躁动不安感。它是一个头脑不断反悔、不断思考、沉浸在文字里并越想越多的过程。你多久会沉浸在担忧之中？可能并不多。

我们对令人害怕的可能性感到担忧的倾向由来已久。古英语词"wyrgan"意味着窒息或扼死。在17世纪，单词"worry"意味着加压、麻烦或告发。在19世纪，这个单词才有了其现在的意思：对可能发生的事感到恐惧、烦恼和不安。

你也可以把担忧视为包括恐惧、恐慌和社会焦虑等多种情况的反复性的、消极性的思考。担忧——一种沉思的、无法控制的情形——是广泛性焦虑的主要症状，但并不是所有担心的人都有广泛性焦虑。通过缓解担忧，你可以减少与之相关的不良症状。

什么导致了担忧

令人担忧的习惯可能来自于天生的担忧倾向，引导你如何处世的社会模范，还有自己的思维模式。但还有更多的东西被卷在其中：你的担心会给你回报。当你对未来的可怕的预测被证明是错误时，你会长舒一口气。但这种缓和的舒服感加强了担忧的倾向。

你是从不担忧还是经常担忧呢？你的担忧程度如何？

练习 给你的担忧列清单

回答以下陈述是否正确。如果适用于你,填"正确",不适用则填"错误"。

事件	正确	错误
1."我经常考虑可能发生的坏事"		
2."当朋友或家人迟到时,我会担心发生意外了"		
3."我担心人们反对我"		
4."当电话铃响时,我认为它会是坏消息"		
5."世界充满可怕的危险"		
6."我担心人们会利用我"		
7."我担心陷入意外"		
8."我担心失去健康"		
9."我害怕患有致命的疾病"		
10."我担心金钱"		
11."我有外貌焦虑"		
12."我害怕气候变化"		
13."我害怕不受欢迎"		
14."我害怕失败"		
15."我害怕失业"		
16."我害怕死亡"		
17."我担心自己看起来很焦虑"		

如果你每项都填"错误",你的担忧并不太多。如果你大多数都填"正确",你可能顾虑太多,这对你来说造成了困扰。如果你介于两者之间,有些事情可能对你很重要,有些事情你毫不在意。在某

些情况下，你填错误或正确的次数并没有很大关系，你赋予未来的意义更重要。

担忧状态中的翻来覆去的思考是一个跨诊断的问题。改变其中一环，你就可以突破由不同情况组成的担忧之网。第一步就是探索你的感受是担忧还是焦虑。

担忧和焦虑

担忧和焦虑都发生在同一时间维度的当下，而且它们经常相互重叠。虽然它们都存在于当下，却又和未来相关。

"担忧"和"焦虑"这两个词有不同的科学含义，但就像"焦虑"和"恐惧"这两个词一样，它们的含义往往是模糊的。担忧更多的是一种消极的心理不安，与不确定性和最坏的可能性有关。担忧通常是由想象编织而成，用于解释不确定性。它有时指的是对可能发生的事情的恐惧。而焦虑是一种被唤起的情绪，通常伴随着某种身体信号，比如，心跳加快、呼吸变化和肌肉收缩等。

担忧和焦虑在我们大脑里所占据的位置可能有所相通，但也有所不同。担忧展示的更多的是左脑活动。担忧和沉思更多地倾向于用语言表达并反映出前额皮质的过度活跃。焦虑表现出的更多是右脑活动。在一些情况下，担忧所起的作用是分散注意力、避免焦虑。

大脑有很多交叉点。当对可怕事件的思考恶化为灾难性的思考时，担忧会转化为焦虑。处于一种灾难化的心理状态时，你会体验到心跳加速，汗流浃背和不真实感。带来多重困难的担忧也会升级为焦虑。当你为感到焦躁和失控而担心时，可能会唤起你的焦虑，而这正是你害怕经历的。

第 13 章 逃出担忧之网

专家贴士　当担忧暗示事情不对劲时

苏珊·克劳斯·惠特伯恩博士是阿默斯特马萨诸塞大学的心理学教授，《变态心理学：心理障碍的临床观点》和《寻找满足：揭示长期幸福秘密的革命性新研究》的作者，也是"今日心理"的定期专栏作家。她分享了自己在担忧和焦虑上的观点：

"当我们感到受威胁时，担忧会自然而然地出现。然而，我们许多担忧是立不住脚的，甚至会适得其反。

"人类有一种天生的倾向，就是总高估采取对我们有益的措施的危险性。大脑似乎总是先担心，后思考。

"当我们受威胁时，我们的大脑边缘系统中有一个叫杏仁体的结构会在恐惧中尖叫，并将信号向上传至大脑皮层。然而，边缘系统和大脑皮层的互动是双向的工作：你的边缘系统发信号给大脑皮层，你的大脑皮层也能控制边缘系统。这需要付出努力，但我们可以让你的大脑皮层覆盖来自杏仁体的担忧信号。

"日常生活的担忧经常以潜意识的、非理性思考的形式出现。比如，下次你开始新的恋情时你会担心自己犯糟糕的错误。如果你让担忧主导自己，你将会变得不情愿去冒险，以致错过遇见新朋友的机会。

"有时候，保持一定的担忧是件好事，尤其当危险就藏在阴暗处时。如果你持续地上班迟到，你应该担心失去工作。如果你对人不忠诚，你应该担心丢失友谊。在这些情况中，担忧暗示了有些事情不对劲。一旦你改变自己的行为去解决这些实际担忧，你就不必烦恼了，因为你已经把问题解决了。

"有些人可能会说，我们天生就会担心，这是进化的结果。然而，我们生来与众不同，就是因为我们能确切地运用自己的大脑皮层去避免酝酿在皮层下的情感风暴。通过控制你的担忧，你不仅能做出更好的选择，还能因此感到更好。"

解决你的担忧问题

你可能会认同你的担忧,告诉你自己或其他人"我是一个杞人忧天的人""我自寻烦恼"或"这就是我的个性"。当用这种方式对待担忧时,它有助于你保持一个客观的观点。即使你经常担忧,你也可能还有更多的"不把微风变作飓风"的例子。将此铭记于心,你会学到如何将令人烦恼的想法变为转瞬即逝的微风。

区分可能事件与大概率事件

担忧意味着从可能性事件跨越到大概率事件。记得谷仓里小鸡的故事吗?当这只传说中谷仓里的小鸡感到一根棍子打在它的翅膀上时,吓得惊慌失措,它告诉自己和其他动物天要塌下来了。这就是当我们推断什么可能发生,然后担心那些不会发生的事情时所发生的状况。

没错,一切皆有可能。然而,你会把你一生的收入押在你现在的预言成真上吗?如果你不会,你可以做下列练习。

练习 区分可能事件与大概率事件

在下表左列中,列举你的担忧或者害怕会发生的事情。在右列中,估计一下担忧成真的概率。每件事情可能发生的概率是多少呢?你可以在 0~100 的范围内估计概率,0 意味着不可能发生,100 意味着百分之百会发生。

对可能性的担忧	对可能性的检测

如果你抛出一枚硬币,它要么是正面,要么是反面,硬币侧面立起来几乎是不可能的。不像抛硬币时概率已知的模式,你的担忧情绪是极不可能准确预测让你劳神的事件的发生概率的。

反复出现的担忧是由心理因素驱动的,包括认为担忧可以避免灾难的神奇信念。与其让这些想法不受约束地冒出来,不如使用前面的练习停止对遥远的可能性妄下结论。这样你可能会少些担忧。

检视那些令你忧心忡忡的猜测

经常担心的人可能会用似是而非的证据来支持他们的担心。比如,你的老板看起来对你漠不关心,而你认为老板的行为意味着你可能会丢掉工作。然后,你将支持你担忧的零碎信息编织在一起。比如,你听说因为经济不景气,你的公司将不得不裁员,这一点确定无误。于是,你担心在今天结束时你会失去工作。第二天,你会重复同样的担忧周期。这种担心就像一种奇怪的迷信,你以为它会保护你不受你所害怕的结果影响。

一条被树木的残骸和碎石阻挡了水流的河流,其用途是有限的。在某种意义上,一个充满了毫无根据的、令人担忧的猜测和假设的头脑就像是这样的一条河流,它阻碍了富有成效的思想的流动。每当你被烦恼纠缠时,第一道防线就是反思你的想法并把猜测和事实分开。

练习 检视那些令你忧心忡忡的猜测

在下表左列中,列举令你忧心忡忡的猜测。在右列给出理由去支持它们。你可能很难证明一个猜测,并可能会被迫得出你担忧的猜测并没有真凭实据的结论。这就是你的现实检验。

忧心忡忡的猜测	现实检测

你可以学会停止为你的担忧找借口。你需要的只是识别和检查你的想法。当你正确地看待担忧时,你就可以自由地处理焦虑的对象。

打破"万一"思维的困境

几乎任何事情都有可能发生。彗星可能会撞到你。它今天会发生吗?还是有可能的!在电视喜剧《蒙克》中,一个天才侦探被描绘成一个完美的忧虑者。节目的主题曲《外面是一片丛林》抓住了蒙克困境的本质:对蒙克来说,到处都是混乱和有毒的空气,坏事随时可能会发生。而蒙克痛苦地意识到了这一点。

蒙克对日常活动过于谨慎的态度使他成为一个可爱的角色。观众可以真正理解他对蛇的恐惧、对空气污染物的担心、恐高、对诸如牛奶质量等日常生活方面的担忧。毕竟,你可能会遇到一条蛇,你可能会喝到被污染的牛奶。要克服这种想法,你必须扪心自问,它真的会发生吗?答案可能是否定的。

对蒙克来说,他不相信自己的过度恐惧是极端反应。因为他的担心是一种防御方式,以对抗一场重大失败后的内心痛苦。他无法控制这种损失,但他能控制自己喝的水,也可以远离高处。

当不太可能的可能性被转化为担忧的感觉时,你已经创造出了某种确定性。然后,你会填补空白来为你的担忧找出理由。这种

"万一"的想法可以是一种习惯，一种防御，或者既是习惯又是防御。如果你发现自己陷入了这种"万一"的思维陷阱，那就要弄清楚到底发生了什么。

练习　检测"万一"思维

在下表左列中写下你自己可能正在进行的担忧对话。在右列做现实回顾。

"万一"模式的担忧对话	对"万一"的现实检测

当令人担忧的小事情影响了大事情，或者你推迟了对你来说真正重要的事情时，那句古老的格言"不要为小事烦恼"就有了新的含义。然而，还有许多其他方式可以制造危机，包括将虚构的东西变成可怕的现实。

与"要是……就"的思维陷阱做斗争

有些人有很多"要是……就"思维的担忧。通常情况下，如果你这么想，就有可能引发真的危机。有一个这种担忧的例子："如果约翰在接下来的五分钟内不打电话，那么他就会发生事故。"关键是要认识到这个担忧循环中的"如果"和"那么"分别是什么，然后在前提和结论之间找到逻辑上的理由。

一个被误导的大前提（要是约翰没有打电话）和一个错误的次

要前提（五分钟是标准），就这样成为推测结论（约翰出了意外）的基础。你可以在其中插入问题来中和这些焦虑的思想："要不是这样，那会怎样？"五分钟过去了，你没有收到约翰的消息，你也许会想，"要不是意外，那又是什么呢？"你可以认为是手机没电了，或者是约翰因为另一个电话而耽搁了。

练习 绕开"要是……就"的思维陷阱

在下表左列中写下你担心时告诉自己什么会发生的例子。在右列考虑"要是没有，那又怎么样"的问题。比如，要是你最害怕的事情没有发生，什么好事会发生呢？

"要是"模式的对话	"要是没有，那又怎么样"

通过问"要是没有，那又怎么样"这一问题会帮你绕开这个思维陷阱。另一种选择是为遥远的可能性开始制定策略，但你可能很快就会发现，你为永远不会发生的灾难花了很太多时间来规划解决方案。

专家贴士 一步一步来

达拉斯的临床心理学家帕梅拉·狄·加西博士是《合理情绪疗法超级指南》的作者，她分享了如何一步一步地消除担忧。

以下四步可以帮助你消除担忧：

1. 当你发现在自己处于担忧之中，扪心自问："是否有人可以带我走出困境？"提出请求可以帮助你设定限制或获得帮助，从而减少担忧。
2. 开始行动，无论这一步多么小。尽你所能积极地改善你的情况会给你带来力量，并打消顾虑。
3. 有时候，人们做的事太杂乱。如果你身陷于此，问自己，"下一步该做什么"，并专注于这一件事，慢慢调整呼吸。当你完成了这一步，奖励自己休息一会儿，然后再问，"下一步呢？"
4. 还是感觉很迷茫吗？不妨尝试一种改变注意力的技巧。首先，画出一个有两列表格的表。在表格的顶部，写下你所担心的事情。在第一栏中写下所有你无法控制的事情（比如，别人的行为，别人的观点，或者别人说了什么）；在这一栏的底部写下当你把注意力集中在你无法控制的问题上时的感受。在第二栏中写下你能控制的一切情况（比如，你怎么想，你说什么或不说什么或者你是否以这样或那样的方式行事）；在这一栏的底部写下当你关注在你可控范围内的问题时的感受。这将帮助你弄清楚你能做什么和你想把重点放在哪里。

避开理论陷阱

担忧就像理论：它们听上去合情合理，好像很真实的样子。但是理论不同于事实。

几个世纪以来，我们的祖先曾认为世界是平的。基于这个理论，帆船需要途经熟悉的海域或视线以内的海岸，以免驶离地球。这种思维谬误有其实际价值：坚持使用已知的运输渠道，你就不太可能在海上迷路。然而,相信世界是平的并不能改变地球是球形的事实。

为了避开将你的担忧理论视为事实的陷阱,则需要寻找方式支持相反的理论。如果你推断一颗流浪小行星将在六个月后撞击地球,那么就想办法推翻这个理论。问问自己有什么事实可以支持这个结论。

练习 评估担忧理论

在下表左列中写下导致你担忧的理论;在右列写下支持相反理论的实施。

担忧理论	对担忧理论的检测

你能从这次检测中得出什么结论呢?

一些其他解决担忧的技巧也值得使用。

战胜担忧的一般技巧

你可以在你的方法中加一些其他更实用的技巧来战胜担忧。

给你的担忧分组。通过将你的担忧分成两个不同的小组——你能为之做一些事的和你无能为力的——你可以打破这个思维陷阱。既然你已经无力回天,又何必担心呢?如果你还能为之做一些事的话,就制定一个相关的解决方案吧。

通过命名过程来将担忧消灭在萌芽状态。首先,把担心描述成会激起情绪的、自动进行的思考模式。用这种方式标注担忧可以帮助你正确看待这种思维模式。

使用正念。 这可以很简单，想象你的担忧的念头在跑步机上跑步，但是哪里也到不了。这种对担忧的思维反应的变化会带来担忧的减少。

问自己一个简单的问题："我想继续吗？"这个问题暗示了如果担忧的思维模式不再有趣或对你有利，那么你可以消除它。

把关心与担忧分开。 当你关心自己、他人或情况时，你关心的是正在发生的事情。你关心意味着你想要负责任地行动。下次你忧心忡忡的时候，问问你自己，"我怎样才能负责任地行动呢？"

翻转角度。 假设一个朋友迟到了，你开始担心。因为你不知道发生了什么。你不能控制你不知道的事。所以，问问你自己，如果你迟到了，并且知道发生了什么，你会希望别人为你担心吗？如果不是，为什么？

与悖论玩耍。 每天安排十分钟的时间去担心。在这个专门留出来的时间，想想你需要担心什么。在这种可控的担忧状态下，你可能会发现自己的思绪从担忧中游离出来。

在手腕上系一根松紧带。 当你开始担心时，就弹一下橡皮筋。用力要足够大，让你不舒服，但不要弄破皮肤。你不会因为担忧而得到奖励。相反，你会立即经历这种温和的惩罚。你也可以使用一种停止思考的技巧。当你开始担忧的时候，默默地在你的头脑中喊：停，停，停！

给"担忧"新的定义。 用担忧这个词作为以下这些纠正措施的首字母缩写：激励自己对抗担忧（Will）；有条不紊地解决烦恼（Organize）；当你又被担忧袭击时，检测一下你的计划，通过区分事实和虚构来有成效地反思自己的处境（Reflect），采取积极的措施来控制你能控制的，接受你不能接受的；屈服（Yield）于担心会不断发生的现实发生，不必把它们太当一回事儿。

专家贴士　如何停止"尽职尽责的担忧"

艾略特·狄·科恩博士是美国国家批判性思维研究所下属的基于逻辑的治疗中心的主席,以及《尽职的担忧者》一书的作者,她分享了一些缓解担忧的宝贵建议:

"一种涉及长期担忧和焦虑性思考的情况就是我所说的'尽职的担忧',尽职的担忧者担心和思考着她认为预示着灾难性后果的问题。她告诉自己如果不担心手头的问题,灾难性的后果就会出现;它将会成为她的错误;她将会成为纵容那些糟糕的事情发生的坏人。因此,她有道德上的责任去担心这些问题,直到她找到完美或近乎完美的解决方案。因为没有完美的解决方案,尽职尽责的担忧者通常反复思考'危机',直到'危机'被'解决'——所谓解决只不过是不做决定而已,然后她的注意力就会转移到新的担忧上,恶性循环就会继续下去。

"以下是一些理性面对这种担忧的建设性建议。第一,大多数你担心的事情不太可能产生灾难性的后果。因此,问问自己,你有什么证据证明你认为这种后果会发生的信念。第二,你无法控制一切,所以你得优先处理你能控制的,包括如何看待事情的发生而不只是外部事件。比如,他人的行为,社会的经济状况、时间的邪恶存在等。第三,你应该接受现实,世界是不完美的,因此生活中的问题不存在完美的解决方案。第四,在做决定时不可能确定地预知未来,所以你应该与可能性为伍,而不是以确定性为伍。第五,你没有道德义务去担心。实际上,担心和反思并不会解决问题;反而它们会打击你主动解决问题的能力。第六,当确实有足够的证据证明问题真正存在时,你应该积极主动地解决问题。制订一个计划并坚持下去。担心和反思只会阻碍你解决生活中的问题。"

你的进度报告

写下你从本章中学到了什么，以及你打算采取什么行动。然后记录下采取这些行动后的结果和收获。

你从本章学到的三个关键观点是什么？

1. _____
2. _____
3. _____

你能采取哪三种行动来对抗某种特定的焦虑或恐惧？

1. _____
2. _____
3. _____

你采取这些行动后的结果是什么？

1. _____
2. _____
3. _____

你从采取的行动当中收获了什么？你下次会做什么样的调整？

1. _____
2. _____
3. _____

第14章

管理对不确定性的焦虑

当你感到威胁和焦虑时,安全感对你很重要,而变化极具破坏力。在这种心态下,你可能认为自己不敢跳出舒适圈。事实上,有计划的变化可以成为你对抗不确定性焦虑的良方,但你也许不确定如果尝试会发生什么。因此,你可能会尽力确保情况是可控的。

对不确定性的无法容忍

对不确定性的焦虑会加剧焦虑。面对不确定性以及掌控欲的需求,你会感到不知所措。由于无法容忍不确定性,你很容易过度忧虑。此时,忧虑就像一把双刃剑。你感觉自己被忧虑禁锢的同时,又在为感觉被禁锢而忧虑。你选择一成不变,因为你无法保证能为自己生活带来可以打破这种循环的变化。

对不确定性的无法容忍是一个跨诊断因素,涉及广泛性焦虑、社交焦虑、抑郁症、恐慌症、恐旷症和反刍等情况。认知行为疗法可用于建立对不确定性的情绪控制,它对克服焦虑也有帮助。

如果你能确保你的努力有成效,那么你就会不再保留旧习惯重蹈覆辙。但不幸的是,你毫无把握。不过,当你决定采取行动且做出积极改变时,你会获得清醒认知、减少焦虑、提高幸福感。

摆脱对不确定性的焦虑的五阶段

你可以用我的五阶段改变法克服对不确定性的焦虑，五阶段分别为：认知、行动、适应、接受和实现。

认知

如果你认为你的焦虑和恐惧超出了你的承受范围，你可能不愿意冒险参与你所恐惧的事情，尤其是当你不知道有什么结果时。事实上，一想到变化——即使是积极的变化——也会激起对能否应对更多压力的怀疑。然而，提升认知是做出积极自愿改变的关键的第一步。

在改变过程中，我们称之为"认知"的这个阶段是什么？它意味着了解你的内在和周围正在发生什么。它涉及了解你焦虑的构成要素以及你可以实际地做些什么来克服它。你通过运用自己不断增长的知识和资源提升认知，甚至进一步成长为一个更强大、更自信的你。举个例子，一个主要由社交场合引发焦虑的客户填写了一份问卷，如下表所示。

对不确定性的认知调查表

关于建立认知的问题	关于建立认知的回答
1. 哪些情况会引发你对不确定性的焦虑想法和感受？	几乎任何我无法确保掌控结果的社交场合：在一个团体面前发言，加入一个俱乐部，出席一场婚礼
2. 当你遇到无法容忍的不确定性时，你通常会怎么做？	忧虑，放弃，编造借口，避开这种场合

(续)

关于建立认知的问题	关于建立认知的回答
3. 哪些因素会放大你对不确定性的无法容忍？不明确的形势、心情、矛盾、财务状况和健康？	超重、缺乏运动；意外导致的不便，比如我的车坏了，水费逾期未付，天气阴沉；有时酒喝得太多
4. 你认为哪些认知、情绪和行为与对不确定性的无法容忍有关？	认知：改变的风险很大，可能失败，自己会显得很笨拙，会让自己难堪，未来会失败，担心自己将永远无法摆脱这些感觉。 情绪：焦虑、烦躁、偶尔的愤怒和郁闷。 行为：吃饭、喝酒、抽烟以放松神经
5. 什么会加剧你对不确定性的焦虑？什么会减轻它们？	加剧：疲劳、缺乏睡眠、枯燥的工作。 减轻：锻炼、优质的睡眠；做一些解决焦虑的事情，如完成令人困扰的挑战性谈话
6. 无法容忍不确定性的生活有什么后果？	有能力和大学学位，但做着低水平的重复性工作；错失优质工作；想要辆新车；缺乏稳定感和自我价值感
7. 什么对你来说可以最有效对抗你对不确定性的无法容忍？	坐下来反思，弄清楚该怎么做，然后试着去做。但有些事情发生得很突然，需要快速做决定。大多数情况自己会退缩，但在试图弄清事情时，偶尔能创造"奇迹"。避免犹豫和拖延似乎有帮助。正是对即将发生的可怕事情的预期，让人感到崩溃

练习 建立对不确定性的认知

回答这些问题，找出你对不确定性无法容忍的原因，并使你的情况清晰化。

不确定性认知调查表

关于建立认知的问题	关于建立认知的回答
1. 哪些情况会引发你对不确定性的焦虑想法和感受？	
2. 当你遇到无法容忍的不确定性时，你通常会怎么做？	
3. 哪些因素会放大你对不确定性的无法容忍？不明确的形势、心情、矛盾、财务状况和健康？	
4. 你认为哪些认知、情绪和行为与对不确定性的无法容忍有关？	认知： 情绪： 行为：
5. 什么会加剧你对不确定性的焦虑？什么会减轻它们？	加剧： 减轻：
6. 无法容忍不确定性的生活有什么后果？	
7. 什么对你来说可以最有效对抗你对不确定性的无法容忍？	

既然你知道什么对你最有效，为什么不做你已经知道的事情呢？

行动

为了改变，你必须做些不一样的事情。如果你想用不一样的方式过马路，就必须采取新的措施。如果你想建立自信，就必须开始像一个自信的人那样思考和行动。

行动是指采取措施以实现摆脱烦人的焦虑和恐惧的目标的过程。因此，如果你对不确定性感到焦虑，明智之举是深入了解不确定性，以获得更清晰的思路和方向。源于经验的清晰性为认知增加了一剂现实主义的力量。

面对失败的恐惧

当你了解到的信息有缺漏时,你必然感到不确定。在信息不完善的情况下,你可能会失败,无法进一步发展。但是,如果你采用且行且学的方法,会意味着什么?如果你能在自我提高的活动中摆脱失败的幽灵呢?

消除对失败恐惧的科学方法

对科学的追求是一个非判断性的发现过程。科学家提出假设或命题,并检验它们,看看会发生什么。如果你遵循这个过程,你自我改进的努力就不会白费。相反,你会明白哪些是有效的,哪些是无效的,以及你在哪些方面仍有努力空间。

与任何有效的科学研究一样,你会以一个问题开始这个研究:"我应该采取什么行动来跨越这个阻碍变化的不确定性障碍?"然后你可以提出认知、情绪和行为方面的假设。

假设1:所有无法容忍不确定性的理由都是有根据的。检验这个假设,看看你是否能证伪它。与其寻求根据证明你对不确定性的恐惧反映了真实的威胁,不如想办法找出你焦虑思维中的漏洞。

假设2:对不确定性做到情绪上的容忍是不可能的。通过采取行动用情绪上的容忍度替代情绪上的无法容忍来检验这个假说。首先,让自己以不同的方式感受焦虑。找到那些被紧张感影响的部位,并标记出它们的位置(比如腹部、肩部、颈部)。标记紧张感的影响区域是向忍耐焦虑的目标迈出的重要一步。通过标记紧张区域,你有了新的选择。比如,你可以接受每一个紧张的症状。这种接受——并且放松每个紧张部位——可以减少焦虑对身体的影响。

假设3:直接面对不确定的情况,是解决你苦恼的一个有益公式。为了检验这个命题,请深入了解你感到不确定的领域,看你能否找到答案,有所发现,并学会容忍。

> **练习** 将对失败的恐惧转化为假说
>
> 亲身参与一个通过检验假设和新的行为来减少不确定性的行为过程。回答下列问题:
>
> 1. 你想解决什么不确定性?
> 2. 你的动机(益处)是什么?
> 3. 列举你要检验的假设。
> 4. 说明你将如何检验假设。
> 5. 通过这些步骤,你对不确定性有什么发现?

生活中少有事情能如我们期望的一帆风顺,或如我们料想的糟糕透顶。包含不确定因素的承诺——即使是有合理的积极预期的承诺——也会出现意想不到的复杂情况或产生惊喜的意外。期待生活的变化起伏吧,你不会感到失望的。

适应

适应意味着适应新的思维和行动方式。对你来说,适应可能意味着调和相互矛盾的想法,比如,对不确定性的无法容忍,以及生活中处处模棱两可的现实。

这是改变中的一个知识整合阶段。在这个阶段,你要恰当处理你对不确定性的焦虑。将自己置于不确定性的情景中,你可以更好地了解这个问题,而这种认识可以减少不确定性。你经常会发现,你担忧的事情并不像你料想的那样糟糕。如果你的期望没有如期发生,你可以调整你的思维和行动。

我们内心的挣扎经常涉及消极和积极的自我观点间的矛盾。我们的矛盾存在于焦虑和自我管理、怀疑和自我命令、确定性和不确定性之间。通过辩证统一的思维,你可以看到哪一个更具合理性。

假如你认为自己很差,并因相信别人对你的看法和你对自己的看法一样糟糕而感到焦虑,然而你却经常收到别人的积极反馈。你如何调和这种差异?也许答案的一部分在于认识到你可以改变自己的想法、感受和行动中不需要的部分,即便改变是困难的,即便你没有把握。

你如何解决你对自己的看法和别人告诉你的他们对你的看法之间的不一致?如果你坚持相信关于自己的负面信息,那么你就是通过确认消极的自我观点来解决不确定性。如果你接受新的积极反馈,那么你就会适应关于自己的积极反馈。

经研究,焦虑的信念和与这些信念不符的现实之间的不一致会引发矛盾,而矛盾与不愉快的紧张感息息相关。

但这种紧张感有多严重呢?你能适应它吗?你愿意为1天1万美元的报酬过1小时的紧张生活,并同时寻求方法调和充满忧虑的旧的自我观点和适应性的新的自我观点之间的矛盾吗?如果你相信由不确定性引起的紧张感是暂时的,那么你可能会接受这个提议,对吧?而它确实是!

尽管有证据表明你可以做出改变,但你可能依旧认为自己无力改变对不确定性的焦虑。如何协调这种不一致呢?也许答案是承认你可以改变你的想法、感受和行动中不需要的部分,即使改变是困难的。

形成包容的态度

当你认真思考如何着手解决焦虑和恐惧时,你的焦虑可能会加剧。的确,这里有许多不确定因素。你可能不确定该从哪里开始。当你开始试验时,你可能会觉得尴尬和难为情。但这正是你想要的处境——在清醒的边缘上。

为了形成一种更加包容的态度,你可以把你的思维转向解决恐

第 14 章 管理对不确定性的焦虑

惧和减少不确定性后的好处上。做短期和长期效益分析是认知其好处的一个经典方法。在下表的练习中,你将比较重复焦虑循环的短期效益与努力克服焦虑及其附生恐惧的不适的长期效益。

行动方案	短期效益	长期效益
对不确定性引发的焦虑不做任何改变	避免当下的不适感。当担心的事件没有发生时收获长呼一口气的轻松	避免当下的不适感。当担心的事件没有发生时收获长呼一口气的轻松
挑战不确定性引发的焦虑	开始看到建设性的行动带来的清晰认识,以及掌控自己生活后的解脱	提高自我效能的思维方式;减少对不确定性的焦虑和恐惧;更多地采取行动;对不确定性的焦虑和恐惧的频率、强度和持续时间减少;提升处理不便的能力;提升解决问题的能力;身体的压力减少

通过效益分析,你可以看到挑战不确定性焦虑的结果与维持焦虑的结果有什么不同。现在你可以做自己的效益分析了。

练习　你的效益分析

写下维持不确定性焦虑的好处和挑战这种焦虑的好处。挑战不确定性焦虑的好处是否超过了保持它的好处?

行动方案	短期效益	长期效益
对不确定性引发的焦虑不做任何改变		
挑战不确定性引发的焦虑		

145

虽然你可能不喜欢靠近不确定的环境，但让自己参与其中，比因过度戒备和害怕焦虑感而躲避不确定性要好得多。

接受

下一步是接受，这涉及情感整合。接受的实质在于接受无法改变的外部现实。比如，你得承认河流有时会泛滥，或者承认你的政治观点与你表弟不同。与此同时，你也不必喜欢河流泛滥的事实，特别是如果洪水将你的房子冲走。你可能不喜欢你表弟的政治观点。但这种事情就是这样。

可能有很多事情你想控制却不能控制，你不需要为这些事情而苦恼。知道自己不能控制太阳的速度，这一事实不太可能会困扰你。然而，在控制能产生影响的场合，事情却无法尽在把握，这就很不一样了。你可能希望你的邻居按照你推崇的规则生活，比如，让他的狗远离你的草坪，但你的邻居并没有和你相同的理念。在这种情况下，接受现实并不意味着你被现实束缚了。你可以要求邻居让他的狗离开你的草坪，你也可以选择竖起一个篱笆。

当你回顾你的生活时，你会发现有好的时光和坏的时光，还有很多介于两者之间。生活中的一些事情确实让人遗憾，而已经发生的无法改变。这时候，你可以选择接受现实。现在，接受当下正在发生的事情怎么样？

接受并不意味着你被束手束脚。以接受的心态，你可以做以下事情：

- 将事件视为发展不同人生视角的机会。
- 看清事件的本质，而非你以为。
- 认识你内心和周围正在发生的事情。
- 进行心态调整，忍受不安、失望、恐惧和挫折。

以接受的心态，专注于你可以发展、改善、应对、改变或完成的事情。简而言之，如果你不喜欢一种处境，那么你可以采取行动来做出改变。如果你不能改变一个已经产生的不利处境，那么就想办法适应它。

当下或未来并非事事明朗。模糊性和不确定性是现在和未来的一部分。但你可以努力将以下五点不确定性融入你的生活：

- 接受事实和适应现实。
- 接受你可以逐步掌握方法来克服不确定性恐惧的认识。
- 接受克服焦虑的主要方法包括在不确定性恐惧产生的特定时间和空间体验它。
- 接受为不确定性未雨绸缪可能并不舒服，但有益于积极变化的产生。
- 接受过度准备，如反复研究每一种可能的情况，事实上是在支持一种错误的观点，即做到完美是控制紧张感的办法。

> **专家贴士　生活是不确定的，面对它**
>
> 约翰·麦诺博士是位副研究员和培训教员。这位加利福尼亚大学的兼职教授分享了一个控制对不确定性的容忍度的小窍门，以防其措手不及地变成一种极端焦虑。
>
> "当你面对未来的不确定性，当你认为自己将无法处理任何隐藏的威胁时，焦虑感会很强烈。在不确定的情况下，意识到并大方承认焦虑倾向是很有帮助的。这将减少你无法容忍不确定性和焦虑的痛苦经历。
>
> "为了积极应对不确定性引发的焦虑，首先，有意识地列出你认为不确定性是焦虑催化剂的领域。然后，将清单上的项目从

> 1 到 10 进行评分，其中 1 表示很少或没有焦虑，10 表示极度担忧或恐惧。是否有比 10 分更糟糕的或'糟糕透顶'到无法评分的情况（比 100% 的糟糕更糟）？现在想象一下比最坏还要坏的事情。如果你能做到这一点，那么这意味着评级超过 100% 的情况并不完全是坏事。通过常规地进行这种评级，你将有望看到对不确定性妖魔化是一种夸张的做法。夸张可以被理性的观点所取代，比如，'生活中的不确定性是一个被证实的事实。我想尽可能地容忍它。我想更加理性。我更喜欢平静，而非焦虑。我可以忍受我对未来不确定性的焦虑'。"

实现

实现意味着尽你所能去探索你在所重视的领域能做什么。与其让自己沉浸在对不确定因素的担忧和烦恼中，不如让自己沉浸在正在做的事情中。这样一来，你就能更了解你可以做什么。

主要的实现目标是努力得到积极结果，减少消极影响。当你向这个方向前进时，你就不会再因不确定性引起的不适而回避它们。朝着积极的方向努力，你可以超越自身的不确定性。你将拥有清醒的认知并有所受益。你觉得自己更有能力掌控自己，掌控自己的生活。

练习　开始实现

阐明你在进步之路上向理想目标前进所需的步骤。写下你突破不确定性迎接重大挑战的目标，描述实现这一目标的短期和长期效益，然后概述你将如何实现这一目标。

1. 你想实现什么？

2. 追求这一目标的短期和长期效益是什么?

3. 概述你在追求目标的过程中,可以做什么和将要做什么来解决对不确定性的焦虑。

现在开始执行这些步骤,在不确定性中获得自由。

通过认知、行动、适应、接受和实现,你可以提高自己对不确定性带来的焦虑的容忍度。甚至不一定要按照这个顺序来实施以上步骤,自愿的改变不一定要遵循特定的顺序。你可能会从行动结果中获得新的想法和见解。你可能在适应中实现观点的根本转变。只要尽你所能,整个过程会向好的方向发展。

你的进度报告

写下你从本章中学到了什么,以及你打算采取什么行动。然后记录下采取这些行动后的结果和收获。

你从本章学到的三个关键观点是什么?

1.
2.
3.

你能采取哪三种行动来对抗某种特定的焦虑或恐惧？

1. _____
2. _____
3. _____

你采取这些行动后的结果是什么？

1. _____
2. _____
3. _____

你从采取的行动当中收获了什么？你下次会做什么样的调整？

1. _____
2. _____
3. _____

第 15 章

缓解焦虑感

发生在我们身上的轻微但突然的变化会引发消极的想法。这些变化包括出汗、心跳加快、呼吸加促和肌肉紧张。如果你把这些身体上的感觉同消极后果联系起来，比如使自己在别人面前看起来像个神经质，类似这样对感觉的侦察、放大和解释的过程反映了一种焦虑敏感性。这种焦虑敏感性——你对自己感觉的看法——增加了你患各种焦虑症的风险。

人们在躲避无法解释和不愉快的感觉的路上要走多远？答案是没有尽头。在购物中心，一位名叫唐的顾客感觉到头晕和心率加快，他对这种情况的反复发生感到非常焦虑，以至于他坚持继续服用安定片，即使他知道这种药物会使他头脑模糊、精力削弱，乃至焦虑加重。当他感觉状态良好的时候，他就会非常努力地坚持保持这种状态以至于他变得很紧张。

躲避不愉快的感觉很少有好结果。精神病学家亚伯拉罕·洛指出，你越是预想所害怕的不适感，你会感到的恐惧就越大。你对焦虑感和恐惧感的害怕是如此的强烈，以至于你会重复一个循环：感知紧张、放大紧张（用无助的想法）、想方设法避免不愉快的感觉。一定有更好的办法。

> **专家贴士　用更坏来达到更好**
>
> 山姆·克拉里希博士是多伦多伯克利效率中心的主席，著有8本书，其中包括《压力防护：如何在工作中和其他任何地方提高个人效率》。他分享了他最重要的窍门：
>
> "当你处于恐慌状态时，请记下你所经历的所有症状。这可能很难马上做到，但是请你尽力去做。注意你的身体感觉和情绪反应。现在你已经注意到了这些症状，试着努力将这些症状的强度增加一倍。"
>
> "关键就是要意识到并真正相信这些症状不会伤害你，他们本质上是暂时的，是会过去的。知道了这一点，你就会发现当你试图加强焦虑症状的程度时，它们的强度反而会降低。第一，你现在要直面这些症状，而不是害怕它们。第二，正因为你直面这些症状，然后你就会发现你无法增加它们的强度，你会发现它们实际上在减少。"

你对自己所说的话语会产生影响

似乎是出于本能，你可能会寻找一个原因来解释你无法释怀的负面情绪和感觉。你扫视你所处的环境，你看到一个杂乱的厨房，你的伴侣是个懒汉；对了，这就是原因。又或许是你的老板忘恩负义，你努力工作，却没有得到应得的赞誉；对了，这就是原因。

也许你的伴侣确实不讲究整洁，或者你的老板毫无感恩之心。但如果这些问题在昨天或者前天都不是大问题，那么生活也没有什么重大变化。那为什么现在要把它们变成问题呢？你能排除你感到烦躁是因为要变天了吗？你的易怒总是发生在一天中的某个时间段吗？你是不是咖啡因喝多了？

标签理论

心理学家斯坦利·沙克特、杰罗姆·辛格认为,情绪是由我们身体的感觉和我们给予这种感觉的认知标签共同描述的。也就是说,当你被激起某种情绪时,你会倾向于为正在发生的事情寻找解释的原因,你可能会用一个情感标签来解释这种感觉。

沙克特、辛格的情绪理论是不完善的,因为我们也拥有不需要贴上标签的感觉或情绪。比如,婴儿不会给他们的情绪贴上标签。然而,当你到了可以用分析的技巧和语言来解释自己的经历的年龄,你的世界就会改变,你可能会寻找原因来给无法解释的感觉贴上标签。根据情境的不同,同样的感觉可能被标记为愤怒、快乐或恐惧。对你来说,标签成为现实。

使用温和的语言

如果你倾向于因为消极的身体变化而进入恐慌模式,你可以学习如何不带夸张地、忠实地描述自己的感觉。较温和的情感标签可以从前额叶皮层向下渗透到杏仁核,帮助缓和负面的情绪图像。

你可以用准确但温和的情感词汇来代替夸张的语言。像"不愉快"或"不舒服"这样的词传达的信息与"糟透了"或"可怕的"这样危言耸听的词就不同。像"我不喜欢焦虑"和"我不能忍受焦虑"这样的短语也有不同的意思。

应对"对不适的恐惧"

"对不适的恐惧"是对情绪稳定的一种夸大的威胁。如果你感到不愉快,你认为你不能忍受这种紧张,然后你就会看到自己情感崩溃,这时的你已经把自己置于一个危险的境地了。但你是否夸大了这种威胁?

当你掉进一个紧张不断升级的语言陷阱时,你可以使用情感标签来改变局面。与其认为我不能忍受不适，不如重新定义这个问题：比如我不喜欢有不适的感觉，但现实就是这样的。

在一个有益但不舒服的环境中，你可以学习忍受紧张。通过向自己展示你可以忍受紧张，你就不太可能将正常的紧张升级为可能被你描述为可怕至极的负面情绪。尝试这样做，你对消极的身体感觉反应过激的倾向可能会降低，对正常身体波动的敏感度会减少，从而减少二次拖延的发生。

专家贴士　慢下来，扎进去，着眼大局

多模块联动治疗师杰夫瑞·A. 鲁道夫博士是一名在曼哈顿和新泽西州里奇伍德执业的临床心理学家。鲁道夫与他的客户分享了他使用的这个窍门：

焦虑的根源在于对威胁和失控的错误感知，它抑制了我们对挑战和掌控感的自然需求。不幸的是，我们中许多天性敏感之人，容易被这种错误的感知引诱，被它所引起的不适困住。

焦虑会使你加速运转。当你加速运转时，你就失去了洞察力。这刺激了你连轴转的倾向，还让你感到筋疲力尽。因此，逃避焦虑会让你觉得你的体验之杯已经耗尽，或者半空。不要为已经失去的机会哀叹。提醒自己，不管你的杯子是半空还是半满，最重要的是里面装的东西的质量。以下是为你的杯子添加高质量内容的两个步骤。

1. 减速到一档，屏住呼吸，花点时间把那些让你无法承受的事情分解成清晰的"小片段"。你现在使用的是你已经具备的能力——你的洞察力、推理能力和解决问题的能力。
2. 遵循我的10/40法则：只需要10%有目的的努力，或者将你视为威胁的情况减少10%，你的焦虑就会减少40%。把这条规则应用到面对挑战上，包括克服挡在你路上的焦虑。

运用奥卡姆剃刀原理

14世纪的哲学家奥卡姆的威廉认为,最简单的解释可能比复杂一些的解释更准确。通过运用奥卡姆剃刀原理,你可以"剃掉"关于你不适感的错误假设。

如果你对它们有了正确的理解,生理上就不一定感觉到很害怕了。你身体感觉上的突然变化可能有很简单的原因:低血糖、感冒了、失眠了、天气要变了。你如何知道上述哪一项(如果有的话)是和你的身体变化相关的?你可能永远都不知道,这才是重点。既然如此,为什么还要推测?

最简单的解释并不总是正确的。不过,在与由复杂的评估和相关的并发症引发的焦虑和恐惧做斗争时,忽略过度行为表征可以直接把问题归纳到本质层面。

奥卡姆剃刀原理在引起恐惧的认知中的应用

对感觉的复杂评估	对感觉的简单解释
心跳加速后产生的恐惧想法和感觉	你的心跳很可能在可接受的运动范围内。 你可能会为你心跳的快速变化找到一个引发恐惧思维的解释。 呼吸、心率或血压在一周之内有波动,这都是正常的。 心理上不愉快,但也仅仅只有这个问题
我不知道发生了什么。我不知道该怎么办。我很无助	给这种思维贴上"不确定思维""无能为力思维"或"对未知的恐惧"的标签,这样你就知道你要解决什么认知问题了。通过问"什么"式的问题来进行评估:"我到底知道些什么?对与这种恐惧相关的认知我了解些什么?我有什么应对的选择?"提问并回答这些让人越来越明晰的问题,就像给导致情绪不断升级的评估和阐释使用剃刀一样

(续)

对感觉的复杂评估	对感觉的简单解释
我要失控了。我要疯了。我根本停不下来	最简单的解释就是你在小题大做。给它贴上标签,并将这个问题归结为几个基本问题:失控意味着什么?恐惧是如何让你失去理智的?如果你真的疯了,那会是什么样子?如果你失去了思想,你要怎样把它找回来? 问问你自己,紧张感将永远持续下去的证据在哪里?

写在最后:把紧张看作是你还活着,还在生存着的标志。

练习 运用奥卡姆剃刀原理

运用奥卡姆剃刀原理剃掉多余的东西,意思就是你的推测或者怀疑是毫无根据的。选择一种通常会导致你焦虑的身体感觉,在下表中写下与这种感觉有关的引起恐惧的认知,然后对这些正在发生的事情给出更简单的解释。

对感觉的复杂评估	对感觉的简单解释
1.	
2.	
3.	

当然，简单并不总是等同于容易。普鲁士的将军卡尔·冯·克劳塞维茨曾说过，我们会因为忧虑、想太多和毫无意义的恐惧而使简单的行动变得困难。他认为，虽然准备工作也很重要，但是行动起来远胜过对形势的不确定性和模糊性进行理论上的思考。

低挫折承受力和忧虑

如果你为自己的感受而体会到焦虑和恐惧，那么你很可能对挫折的承受力很低。因此，你可能会自动避免与恐惧做斗争，从而使它们一直存在。低挫折承受力会放大紧张感——你的语言夸大了紧张的含义。

建立挫折承受力

高挫折承受力会降低我们感受到的压力。那么，如何才能提高我们的抗压能力呢？

从一个基于正念的视角，观察你的低挫折承受力的思考方式，就像你观察一片云飘过那样。你无法控制云移动的方向，那么为什么要为自己无法控制的事情而烦恼呢？你能让它顺其自然地存在吗？

如果你不能让它顺其自然，那怎么办？你可以积极地质疑和改变那些加剧你焦虑感夸张的想法。

夸张的忧虑思维包括这样的信念："这些感受对我来说太过分了，我应付不了。"这种碎碎念就像是把一种不舒服的感觉扭曲放大成一种深切的不安。以下是一些低挫折承受力忧虑思维的例子，以及挑战这种思维的六个问题，还有如何纠正这种低挫折承受力思维模式的示例答案。

质疑夸张的想法

低挫折承受力忧虑思维	问题样本	回答样本
这些感觉太过分了,我没法控制	为什么会这样?	是因为我的思维。幸运的是,这种思维是可以改变的。例如,我可以如实地说,我更喜欢平静的感觉。但如果现实不是这样的话,坚强起来!生活还在继续
我应付不了	是什么让你觉得你找不到办法应对?	即使在最糟糕的情况下,我也能做一些给我带来机会的事。那么它是什么呢?
我不能忍受紧张的感觉	如果你认为你不能忍受紧张的感觉,那么"不能忍受"是什么意思?	这是否意味着我不喜欢紧张的感觉?谁又喜欢?那么,我能做些什么来解决压力问题呢?
我必须立即得到解脱	如果你知道这种紧张感会在五分钟内消失,够不够快?	是否有可能将焦虑的不适视为一种短暂的体验?
我再也受不了了	是什么让你觉得自己忍受紧张的能力有限?	忍耐力受限于我认定的极限
我活不下去了	你以前就在这种紧张中活下来了,所以你为什么觉得自己不会再活下来一次呢?	即使不喜欢,我也肯定自己会生存下来,我通过接受"我可以控制我的思想和行动"的建议来应对挑战并成长

质疑你的夸张想法

辨别你的忧虑思维,理性地质疑这些思维,并在下面的空格中填写答案。

低挫折承受力忧虑思维	你的问题	你的回答
1.		
2.		
3.		
4.		
5.		
6.		

每当你有不舒服的身体感觉并由此得出消极的结论时,通过质疑你的思维过程,你可以清楚地了解正在发生的事情。

你的进度报告

写下你从本章中学到了什么,以及你打算采取什么行动。然后记录下采取这些行动后的结果和收获。

你从本章学到的三个关键观点是什么?

1. _____
2. _____
3. _____

你能采取哪三种行动来对抗某种特定的焦虑或恐惧?

1. _____
2. _____
3. _____

你采取这些行动后的结果是什么?

1. _____
2. _____
3. _____

你从采取的行动当中收获了什么?你下次会做什么样的调整?

1. _____
2. _____
3. _____

第 16 章

战胜恐慌

恐慌不可小觑。恐慌发作时,你会感到喘不过气来、颤抖、出汗、身体发麻、头晕目眩,感觉周围的世界变得不真实,觉得自己快要晕倒、失去控制、发癫发狂。你认为自己会死,而这种想法加剧了恐慌。你害怕得哭了。

虽然恐慌的身体症状似乎突如其来且不受控制,但恐慌是可定义、可解释和可纠正的。你可以借鉴各种认知行为疗法来克服恐慌,比如建立控制恐慌的自我效能信念,以及综合使用放松、呼吸和面对技巧。学会化解恐慌思维有助于迅速缓解你的恐慌。与恐慌做斗争的人当中,约有 2/3 的人取得了持久的改善。你可以做到的!

关于恐慌的事实

如果你经历过一次以上的恐慌发作,别害怕,你并不是一个人。在 15~60 岁的人群中,每年有 3.5%~10% 的人有严重的持续或单次的恐慌反应。多达 40% 的人在其一生中都有一些较轻微或较严重的恐慌症状。如果你曾经历上述的轻度恐慌,不可掉以轻心。轻度恐慌有可能发展为抑郁症和药物滥用等其他威胁生活质量的疾病。幸运的是,关于恐慌的认知行为疗法能够为患有恐慌症的人提供帮助。

恐慌的症状

恐慌的身体症状带来的强烈生理感觉会使患者将其误判为生理疾病，但恐慌通常是可以从心理上解决的。恐慌不仅包括身体症状，还包括认知诱因、情绪容忍度不足和行为回避问题。肌肉紧张、胸痛和胃肠道问题这些焦虑的症状，也可能是诱发恐慌的原因。由于这些身体症状也可能是出于某种生理疾病，为了以防万一，最好进行一次体检，以排除药物或疾病引起的持续焦虑。例如，甲状腺功能亢进可以刺激焦虑感和焦虑思维。

恐慌的持续时长

恐慌的持续周期可分为前期、中期和结束期。它不会永远持续下去。而且，它的持续时间通常很短。恐慌可能是短暂的、令人不适的一瞬间紧张，也可能是突然的、强烈的一阵波动。恐慌症状通常会持续 2~30 分钟，2 分钟左右的情况更多。在极少数情况下，恐慌的感觉可以持续一小时以上。然而，恐慌发作时，即使是几分钟，也可能让患者感到度日如年。

恐慌发作的过程，通常包括感觉意识阶段，认知触发阶段，恐慌升级阶段，以及解决阶段。好消息是，在其中的任何阶段，你都可以尝试破除消极的恐慌思维，这将帮助你克服恐慌。

恐慌与焦虑

焦虑时，你很可能会出现肌肉紧张、头痛或胃部紧张。然而，突然激增的紧张感，伴随着剧烈的身体症状，会让人体验到失去控制的极端感受——好像身体从高空坠落，自己却束手无策。由于恐慌突然发作且感受剧烈，你可能因害怕恐慌发作而感到焦虑。

恐慌的两种形式

恐慌主要有两种形式：无征兆型恐慌和情境型恐慌。无征兆型恐慌不可预测，似乎是突然出现的。情境型恐慌是指在特定情况下才会感到恐慌，比如当进入你认为危险的区域时。人们通常也会将某些诱发事物与恐慌联系起来，比如灯光、音调和触摸。

如何应对无征兆型恐慌

恐慌有时会在没有任何明显原因的情况下突然出现。然而，早在恐慌发作前，可能会有微妙的信号。行为疗法的创始人约瑟夫·沃尔普发现，有恐慌反应的人，在83%的情况下，会在恐慌发作前一天经历严重的精神紧张。他认为恐慌反应与近期升高的应激激素有关。一些研究表明，高于正常水平的肾上腺素（一种应激激素）会增加恐慌的风险。

虽然无征兆型恐慌可能看似毫无征兆，但你也可以采取行动来应对：

1. 反思你的想法，拒绝把恐慌思维下产生的想法当作事实。比如，你需要提醒自己"我要疯掉了"这个想法，但这只是一个命题，而不是事实。
2. 通过采取接受的态度来锻炼情绪容忍度。比如像这样：我是感到恐慌，恐慌就恐慌吧。是挺棘手，但远不是世界上最糟糕的事。
3. 采取行为措施来应对恐慌，包括呼吸练习，测量恐慌持续的时间，或在大脑中记下身体症状。
4. 当你处于平静状态时，提前练习处理恐慌的认知方法、情绪容忍方法和行为方法，这样你就会知道当恐慌再次出现时该怎么做。

你可以用同样的方法来应对情境型恐慌。

如何应对情境型恐慌

对于情境型恐慌，你知道是什么情境引发了你的恐惧，比如在电梯里，人群中，或者一个不熟悉的地方。从悬崖上往下看可能会产生眩晕感，进而引发恐慌。在经历了轻微的交通事故后，当你接近事故发生的十字路口时，你可能会感到恐慌。或者，你可能会在让你想起创伤事件的情境下感到恐慌。比如，对于有过濒死体验的人来说，唤起濒死回忆的情境或事物可能包括当天的某个时间、一个特殊的日期、气温、颜色、气味或尖叫声。一位客户曾将直升机的声音与他在战区的濒死体验联系在一起，每当看到直升机或听到直升机的声音时，他都会惊慌地躲起来。还有一位客户将炎热天气与可怕的死亡集中营经历联系在一起。夏天，当气温超过26摄氏度时，他便拒绝出家门。

即使在焦虑时，我们也并不会失去思考和保护自己的能力。实验表明，在恐惧被高度唤起时，我们仍能够有效地进行基本的生存操作。当你感到恐慌时，血液流向右脑，生存本能提高。同时，左脑的血液供应减少。由此产生的不平衡在一定程度上会阻碍推理能力，但在集中注意力的情况下，你仍可以清晰地思考。

同样，你也不必过于担心晕倒、失禁、呕吐这类状况，这些都十分罕见。当恐慌发作时，这些状况出现的可能性大约为3%。

管控恐慌

接受恐慌可以减轻恐慌强度并缩短其持续的时间。管控恐慌的核心是接受度的转变：从害怕恐慌，到接受非常不愉快的经历，并对其建立情绪容忍。

如何解读恐慌

恐慌不是凭空产生的。你可能会有这样的评估性认知：认为自己看起来很愚蠢；认为如果你表现出恐慌的样子，人们会认为你疯了。这种恐慌的想法值得反思。比如，你若在餐馆里会感到恐慌，

并因为害怕别人在自己恐慌发作时指指点点而避免出去吃饭,那么你可以问自己这些问题:

- 有什么证据表明餐厅里所有顾客都会以上述的方式看待你?
- 其中有些人会不会同情你,因为他们也经历过恐慌?
- 会不会其实没人注意到你呢?

对可能发生的事情,用更积极而现实的想法取代主观的消极认知,你就不会再逃避那些可能会引发恐慌的场所。

换个角度看问题

如果你是第一次经历恐慌发作,你可以问问自己,最近在你的生活中是否有什么改变,这有助于你从新的角度看问题。生活中的变化往往伴随着压力,即使是积极的变化也是如此。你最近在节食吗?你是否正在服用一种新药?你最近受过创伤吗?

如果你明白了恐慌的触发因素、征兆和原因,采取自我观察的方法可以帮助你通过反思来应对恐慌反应。采取自我观察的行动很有帮助:看看手表,计算恐慌反应持续了多久。在心里记下恐慌反应的各个方面:你的想法、感觉和行为。

或许理解和管控恐慌的最好方法之一,就是看看知识渊博的专业人士是如何应对这种情况的。心理学家唐娜是这样应对恐慌的。

◎ **唐娜的故事**

最近,在三个亲近的人去世后,唐娜经历了恐慌反应。当她开始恐慌时,她第一次感到身体突然出现了令人不安的症状。她这样形容这些症状:"一波又一波的冷热交替从我的胸部蔓延到胳膊和腿,我的四肢刺痛,心跳得很快,感觉无法呼吸,突然开始出汗。这种感觉似乎不知道从哪里冒出来的。砰!我的身体处于红色警报状态，感觉糟透了。"

她一开始以为自己心脏病发作了："我感到又一阵冷热交替袭来。我摸了摸脉搏，脉搏很快，但很稳定。我有一个家用血压计，用它量了血压，有点高，但还是正常的。我进行了症状筛查，发现我的胸部没有压力感，胸部、手臂和下巴也没有疼痛。症状都在身体表面，在我的皮肤上。我之前肾上腺素过量时也经历过这种感觉。我发现自己可能是焦虑症发作，而不是心脏病发作。如果通过身体感应疗法，几分钟后症状还没有缓解，我就会叫救护车以防这是心脏病发作。但我很确定这不是心脏病。"

"我做的第一步是调整呼吸。当时我的呼吸很浅又很快。我花了六十几秒钟做缓慢的深呼吸。当我调整好呼吸时，症状减轻了，我更加确定这是焦虑症而不是心脏病发作。我之前在想什么呢？然后，我试着找出那些引发身体症状的焦虑想法。

"我首先想到的是蒂姆已经死了。卢已经死了。我的哥哥两年前去世了。所有人都死了，只留下了需要我支持和帮助的同样悲痛的亲人。这种悲伤持续了好几个月。这让我筋疲力尽，我听到自己说：'这太糟糕了。我再也受不了了。'

"当我想到身边的人，我想，我受够了。他们不应该再对我提出任何要求。我凭什么要面对这些可怕的事情。他们干扰了我自己的生活。死亡太可怕了。我丈夫最近身体有些问题。他可能就是下一个。我不敢想象没有他的生活。"

唐娜坐在电脑旁记录下自己的想法。然后她开始反思自己的想法。"想到我的丈夫即将死去（虽然他死亡的可能性实际上和我们所有人一样），我年纪轻轻就要成为寡妇，我的焦虑症就发作了。我意识到这个想法早就在我的脑海里了，不过它就像白昼的流星一样，我几乎一直都没有认识到它的存在。但这是最后一根稻草，它在我的身体里引发了一种'或战或逃'般的恐慌反应。我生理上的焦虑症状仍然很严重,但比几分钟前稍好了一些。

"我一边继续调整呼吸,确保我没有换气过度,一边开始理性地驳斥我的每一个非理性想法。'我不能忍受'的想法似乎是一个特别强烈的触发器。在短短几秒钟内,通过识别和驳斥这种非理性的自我对话,我的身体症状开始减轻。

"我继续监测我的呼吸和想法,驳斥自我夸大出的灾难性想法,将其转化为更理性的观点。的确,事情是很糟糕。没错,我最近压力很大。但我可以清楚地看到,把一个糟糕的情况想得更糟,把我丈夫身体上的小毛病无限夸大,让自己变得焦虑不安,这让我的恐惧感更强了。幸运的是,我很容易就能看透自己的认知,并知道如何质疑它们。因为我练习过在平静的时候质疑自己的认知,这给了我一个可在有压力时使用的理性的自我对话技能。

"在最严重的症状消失后,我去厨房做了一杯高蛋白饮料,慢慢地喝了下去。肾上腺超负荷会引起血糖的剧烈波动,这可能会导致进一步的身体症状。含有蛋白质和复合碳水化合物的健康饮品可以预防这种情况。我又吃了一些复合 B 族维生素。也许这是一种安慰剂,但我认为我的'或战或逃'反应消耗了体内储存的硫胺素、泛酸和其他 B 族维生素。

"我闻到了自己的汗味。焦虑的汗水有一种刺鼻的难闻气味。我冲了个澡,让自己享受热水沐浴的感觉和薰衣草香皂的香味。我告诉自己,即使在失去和悲伤中,我仍然可以享受简单的快乐。

"我一边感受着热水澡带来的愉悦,一边继续驳斥自己那些把事情往坏处想的想法。我安慰自己,虽然我不喜欢失去——以及随之而来的悲伤——但我可以忍受。这时,我的大部分症状都消失了。我确实仍感到腹部有些不适,但胸部并无不适。我告诉自己,这种不适的感觉是肾上腺素突然激增的结果，是一种自然症状。我可以忍受。这只是有些不便，而不是一场灾难。

"那天晚上我睡得很好。第二天，我出现了肠胃不适，这是'或战或逃'反应的正常症状。对所发生的事的清晰认识使我避免了又一次无限夸大我身体感受的糟糕程度。这一天，我还完成了对我来说很重要的事情，之前出于对他人的责任感我一直在拖延这部分工作。与之前相反，我做了让自己的生活更美好的事。我新添了一捆柴火，打理花园，修剪草坪，去健身房锻炼——做的都是我真正喜欢的事情，这些都让我的生活在自己掌控之下。"

控制恐慌

在应对恐慌反应时，唐娜采取了一系列富有成效的步骤：

1. 她评估了自己的症状，并想出了一个解决方案。
2. 她理性地努力把焦虑和更严重的心脏病区别开来。
3. 她监测了自己的呼吸，使用一种呼吸技术来防止因浅呼吸、快呼吸和过度换气而引起的更加不适的症状出现。
4. 她确定了引发"或战或逃"反应的非理性的自我对话，并用理性陈述取代了这些非理性陈述和想法。
5. 由于曾练习过在平静的环境中识别和质疑引发焦虑的想法，在高压的环境中，她能够更自如地使用阿尔伯特·埃利斯的"ABCDE方法"（见第11章）。
6. 她进行了自我护理：吃饭、洗澡、安慰自己。
7. 她接受了缓慢康复的事实，明白自己的身体需要几天的时间才能完全从肾上腺素过量中恢复过来。
8. 第二天出现肠胃不适时，她明白这是肾上腺素过量的正常后果。她没有因为有点不舒服就小题大做。因此，她避免了因对焦虑过度敏感而引起新一轮的恐慌。
9. 她积极采取使她的生活更愉快和易于管理的行为。
10. 她继续调整自己的浅呼吸，并采用元认知方法监测自己的思维，以发现非理性的自我对话迹象。

有时候，即使是有头脑的人也会面临多重压力。但唐娜的经历给我们的最大启示是，因为拥有知识和技能，她很快就结束了这种恐慌模式，并且采取行动防止恐慌情绪再次出现。你可以用同样的方法来克服恐慌反应。

使用"ABCDE 方法"化解恐慌思维

下面的"ABCDE 方法"表会告诉我们在恐慌中如何摆脱灾难性的想法。通过学习该怎么做，并将其付诸实践，你就能在恐慌时掌控自己的行动。

应用于恐慌思维的"ABCDE 方法"

触发事件（经历）：经历与恐慌发作相关的身体感觉
对该事件的合理想法："我以前经历过这些感觉。它们将在一段时间内保持不变，或升级，或减少和消失。产生的结果不过是客观事实，随它去吧。"
合理想法将产生的情绪和行为后果：在情绪上，形成对该经历的接受和容忍。在行为上，可能是调整呼吸，或是双手并成半球形，对着手呼吸，以帮助重新校准大脑中的二氧化碳传感器
对该事件的错误看法："哦，我的天。又来了。我受不了了。我感觉快要死了。"
错误想法将产生的情绪和行为后果：对死亡的恐惧带来更剧烈的恐慌。产生疯狂的行为。拨打 911 急救电话

(续)

> **驳斥错误想法：**
> 1. 究竟是什么"又来了"？可以这样回答：再次到来的很可能既是对这种身体感觉的恐惧，也是对灾难性后果的夸大了的预期，即自己将无法忍受恐慌的情绪和感觉。那么为什么你不能忍受你不喜欢的东西呢？答案是其实你能忍受你不喜欢的东西。
> 2. 如果恐慌再次发作，你觉得自己要死了，那这个景象和以前有什么不同？可以这样回答：现在的经历与你之前经历过的恐慌类似，包括你认为自己即将死去的想法，也和之前并无不同。你当时并没有死，只是你自以为你会。那么，如果你曾战胜过恐慌，为什么你会认为自己不会再战胜一次呢？答案是，这一次，你再一次战胜恐慌的可能性非常大。威胁并不存在于现实，而存在于你的想法中。专注于你能掌控的事情，不要屈服于这种危言耸听的想法

> **驳斥错误想法的作用：** 通过改变对该经历的解读来减轻恐慌。减少因夸大症状和结果而加剧恐慌的可能性。当你成功战胜了恐慌，将说明这些新结论是合理的：
> 1. 当恐慌开始时，你可以用不同的方式思考，这证明你并非无助。
> 2. 消除夸大化的灾难性思维可以减轻恐慌、缩短其持续时间。
> 3. 激素回归正常值以后，并不会有任何持久的不良影响；如果恐慌再次发作，你同样也无须担心有持久影响。
> 4. 你还是不喜欢恐慌的感觉。毕竟谁都不会喜欢。但你现在能更有力证明，对死亡的夸大化预测不过是一种依附于恐慌感的心理幻觉

"ABCDE 方法"实践

现在轮到你使用"ABCDE 方法"来对抗恐慌思维了。在下表中写下你的困境（或恐慌触发事件），你对该困境的想法（包括合理的或错误的），以及持有这些想法将产生的情绪和行为后果。然后驳斥你的错误想法，看看会发生什么。最后，写下这个驳斥过程的影响。

你的 "ABCED方法" 方案

触发事件（经历）：
对该事件的合理想法：
合理想法将产生的情绪和行为后果：
对该事件的错误看法：
错误想法将产生的情绪和行为后果：
驳斥错误想法：
驳斥错误想法的作用：

控制恐慌的模拟技巧

内受暴露法能够缓解恐慌的主要身体症状，这种方法越来越受欢迎。使用这种面对方法，你会了解到恐慌症状并不危险，它们是可以忍受的，而且它们可能对不同的负面情绪症状产生跨诊断效应。

感到头晕时，你可能害怕自己会晕过去。这种想法在开车时尤其麻烦。但你真的会晕过去吗？恐慌发作时，头晕并不意味着会晕倒。昏厥伴随着缓慢的心跳。当你恐慌时，心跳会加速。恐慌通常能防止你晕倒。

眩晕很容易模拟。下面是一个常见的技巧。你可以在椅子上旋转多次，让自己知道无论你多么头晕，你都不会晕倒。你甚至可以得出这样的结论：昏过去也比头晕好。

你觉得恐慌时心跳得很快，只是因为你在拿它与静息心率相比。如果你在恐慌时测量自己的脉搏频率，你可能会发现它和你在做运动时相差无几。突然的变化往往会引起人的担忧（原始恐惧通常开始于突然发生和意料之外的威胁事件）。

心跳加快很容易模拟。进行适度的运动，使你的心率达到每分钟 120～140 次。这是恐慌时常见的心率，而每分钟 200 次才会达到危险的心动过速。

过度换气是指试图吸入超出新陈代谢需要的空气，通常发生在恐慌中。对呼吸困难的担忧也会加剧恐慌。

过度换气也很容易模拟。比如，用吸管呼吸，同时捏住鼻子，可以模拟出恐慌时呼吸困难的症状。通过这一过程，你可以告诉自己，当你过度呼吸时，什么都不会发生。你会在短时间内被迫恢复正常呼吸。

在使用模拟技巧有意地体验恐慌反应的各个方面时，你会明白，恐慌的症状并不可怕。这一认识有助于化解对头晕、心率升高和过度呼吸的恐慌想法。

打破广场恐惧症与恐慌症的联系

大约有 1/3 的人患有广场恐惧症，这在很大程度上可以归结为对恐慌的恐惧以及对与恐慌有关的情况的回避。

恐慌会使人在生理、认知、情绪和行为上产生巨大波动，你可能会因此逃避与恐慌有关的情境。你会拒绝去餐馆、乘公交车、乘飞机、在商场购物——避开任何让你担心会陷入危险、被困和无助的地方。你可能会待在家里哪儿也不去，因为你认为自己随时随地都有可能恐慌发作；只有有人陪你一起，给你提供支持时，你才肯冒险出去。

你所害怕的情况并不危险；可能你自己也明白这一点。你害怕的是自己，害怕自己恐慌发作，失去控制。你害怕别人会指指点点。你担心如果自己在排队时突然崩溃了怎么办？

躲避或逃离可能引起恐慌的场景，并因此感到一种解脱感，这其实是在强化逃避的心理。同样，如果你经历过恐慌反应，你可能会为自己创造心理依赖。比如，你会调大耳机音量来听音乐，以分散自己的注意力。如果不得不冒险进入一个不安全的地区，你会随身携带一颗抗抑郁药。如果这些分散注意力的行为能缓解你的紧张情绪并让你产生对它们的依赖，那么你迟早会发现它们会产生负面影响。你这是在引导自己逃避恐慌，并强化错误的行为。

解决问题的重要一步是学会在恐慌中生存，而不是逃避它。如果你学会不再害怕恐慌，你就不太可能因害怕恐慌发作而感到恐慌。

练习 将分散注意力转化为有效行动

下次你感到恐慌的时候，按照以下三个步骤把分散注意力的行为变成有效行动。

1. 在心里给夸大的灾难性想法贴上标签，比如，给"我要崩溃了"或者"我要死了"这些想法标上恐慌思维模式。提醒自己，这些想法最终会像空谷回响一样消失。
2. 等待身体上的症状和心理上的恐慌感过去，直到这些感觉消失。这可能很难做到。然而，试图逃避这些感觉反而会强化逃避倾向。你正在经历一个焦虑周期，不如就接受吧。
3. 采取一些行为措施，比如，测量你的脉搏频率，计算恐慌需要多长时间才能平息。但要明确，这种分散注意力的方式是为了收集信息——而不是为了逃避。

你可能会发现，夸大会使一个不好的情况变得更糟糕。当你夸大一种情况时，这意味着这种情况本身并不像你想的那么糟糕。

专家贴士　控制恐慌的矛盾方法

里克·帕尔博士是斯普林菲尔德学院的心理学教授。他有一种创造性的天赋。他也曾遭受极度的恐慌，并很好地利用了这种天赋。利用自己的天赋和个人知识，他得以立刻展开自救。里克分享了他是如何控制自己的恐慌的：

"我讨厌坐飞机。我可以坐飞机，但我不喜欢。大约十年前，意大利的国际心理治疗大会接受了我和我的三个研究生的论文投稿，因为开车去欧洲肯定是不行的，所以从波士顿坐飞机到罗马成了唯一的选择。

"洛根机场国际候机楼非常大，相当于四五个足球场，所以我倒是没有感觉到幽闭恐惧，但当我经过海关、明白自己已经没有回家的退路时，我还是觉得全身是汗、不太舒服。过了一会儿，我开始感到一阵淡淡的恐慌从身体里冒出来，与此同时，一个声音在我的脑海里低语，'如果你崩溃了怎么办？可千万别崩溃啊。你绝对不能上飞机。'当然，这种想法越多，我就越焦虑。我开始害怕我在我的学生面前显得很没出息，况且我们还是要去参加一个讨论心理治疗的会议，那将是多么愚蠢和讽刺啊。

"我试着从航站楼的一端走到另一端。我试着坐下来呼吸。我试着去想别的事情。但毫无效果。我只感到越来越焦虑。最后，我决定让自己经历一场前所未有的恐慌发作。

"'来吧，发作吧。发作啊！'当然我并没有发作。然后我说，好吧，'17分钟后再试一次'，这让我轻松了17分钟。17分钟过去了，我想再试一次让最可怕的恐慌发作，但还是做不到。所以，我选择了另一个奇数分钟倒计时，13或19或其他，我再次得到了解脱。我又这样做了几次,直到感觉自己很傻。过了一会儿,我们登上了飞机,当然,飞机在停机坪上停了三个半小时才起飞。我伸伸懒腰,读了一本书。"

你的进度报告

写下你从本章中学到了什么,以及你打算采取什么行动。然后记录下采取这些行动后的结果和收获。

你从本章学到的三个关键观点是什么?

1. _____
2. _____
3. _____

你能采取哪三种行动来对抗某种特定的焦虑或恐惧?

1. _____
2. _____
3. _____

你采取这些行动后的结果是什么?

1. _____
2. _____
3. _____

你从采取的行动当中收获了什么? 你下次会做什么样的调整?

1. _____
2. _____
3. _____

第17章

克服对特定物体的恐惧

凯伦对细菌有一种病态的恐惧,她为了避免污染而经常走极端。艾比对蛇感到恐慌,并在有可能遇到蛇的时候拒绝出去。劳埃德害怕狗。当他最好的朋友养了一只宠物狗时,劳埃德拒绝靠近它。凯伦、艾比和劳埃德有什么共同点?他们都有一种严重的特定恐惧症,或者说是一种持续的对特定的动物、情境、物体或其他他们极力避免的事件的恐惧。

恐惧症很常见。有8.7%的美国人都会对这样或那样的事情产生严重的恐惧反应。终生患恐惧症的人占美国总人口的12.1%。恐惧症包括对自然灾害、动物、昆虫、注射和血液、飞行、公众演讲和社交活动的恐惧,比如参加社交聚会、家庭聚会或婚礼。

有些恐惧症与其说是一种障碍,不如说是一种怪癖。比如,你可能有对数字13的恐惧症。不管出于什么原因,你可能会避免住在一栋楼的13层,或者在13号星期五有点害怕退缩,但除此之外,这种恐惧对你来说没什么大不了的。即使是伟大的巴比伦国王汉谟拉比也避免用数字13来标记他的第十三定律。他的定律从12跳到14。然而,如果你对数字13有一种让你感到大为受挫的恐惧,这并不愚蠢。任何干扰你生活质量的恐惧症都值得关注。

有时,你可以在惊人的短时间内克服一种恐惧症,并获得交叉诊断的奖励。通过采取行动来克服你的恐惧症和担忧，你对其他类型的焦虑就有了很多的抵抗力。

让自己与恐惧接触

克服恐惧症相对简单，但不一定很容易。这是因为克服恐惧症更多的是一个过程，而不是一个事件，特别是如果你有与恐惧症相连的多种并发症。如果你不知道你在经历的是害怕还是恐惧症，这可能并不重要。害怕和恐惧症都倾向于遵循类似的神经系统路径。对克服害怕有效的认知行为疗法对克服恐惧症也同样有效。

基于接触的认知行为疗法是解决恐惧症和害怕的黄金法门。以下是此过程中的一些基本步骤：

1. 自我教育。了解导致恐惧症的常见原因和已被证实有效的解决方案。
2. 认同你将学会忍受紧张的情绪，直到你不再害怕你所认为的由恐惧情境引发的恐惧感。
3. 让自己与你害怕的东西接触，在可容忍的范围内，一步一步地接近你害怕的东西。
4. 你会有一种自然的冲动去逃避你所害怕的东西。这种逃避只会起到加强和延伸恐惧的作用。抵制它！
5. 坚持下去，直到你在接近自己恐惧的东西时可以很好地控制自己。

这些基本的步骤将帮助你克服任何恐惧症。本章详细阐述了如何在不同的情况下以不同的方式使用它们。

解决细菌恐惧症

有健康意识、并采取谨慎的措施以预防健康问题的发生是件好事。然而，一件好事可以被带到一个不健康的极端。如果你有细菌恐惧症，那么你会有一种不健康的担忧：你想保护自己免受所有可能携带细菌的东西的伤害。细菌恐惧症的表现各种各样，从轻微的、有点麻烦的行为到亿万富翁霍华德·休斯的极端表现——他把自己限制在狭小的无菌房间里以避免细菌的污染。

即使你知道自己有细菌恐惧症，你也很少能简单地命令它消失。你得自己想办法解决。

◎ 凯伦的故事

凯伦对细菌有一种病态的恐惧。这位平日里和蔼可亲的社会科学家认为，除非她特别小心，否则她会染上致命的疾病，甚至可能死亡。结果，每当她认为自己接触到了细菌时，她就会惊慌失措。

她目前面临的问题不仅是她对细菌的恐惧。她的人际关系也因为她害怕接触到细菌而变得紧张。她想知道如何与朋友更好地沟通。然而，很明显，她因为她害怕细菌而拒绝和朋友们一起聚会，这已经让她疏远了她最爱的人。她的细菌恐惧症干扰了她的人际关系和内心的平静。

当别人温柔地问及她的细菌恐惧症时，她厉声说道："细菌会杀人的！"凯伦清楚地意识到如果她一直否认自己的问题她不会取得任何进展，于是她像一名科学家那样，用做实验来解决自己的问题。

她试着每周减少一种安全行为，尽管一开始这么做时她很不安。比如，为了保护自己免受细菌的感染，她无论走到哪里都戴着特四氟龙手套。作为摘下手套的前提，她每小时使用一次抗生素洗手液洗手，然后慢慢减少洗手的次数，直到正常的洗手频率。夏天到来时，她把一直穿的厚重毛衣换成了短袖上衣。她原本以为长袖可以保护她免受细菌的侵害。

通过做出与问题相关的行为改变，并适应这些改变，凯伦摆脱了对死于细菌的恐惧。她重新建立了友谊。这个过程花了大约六个月的时间。

对凯伦来说,克服她的恐惧症的过程包含了一系列的转折点。她的第一个转折点是看到了她所接受的科学训练和她所接受的不科学的信念之间的矛盾,即她相信自己正面临着被细菌杀死的危险。她的第二个转折点是接受自己的恐慌情绪。她的第三个转折点是,她发现自己不再是恐惧的奴隶,只要努力就能克服恐惧。

解决对蛇的恐惧症

你可以做什么来平息对蛇或其他动物、虫子、空地或陷阱的恐惧症?在这些情况下,你如何正常地生活?按计划进行的接近体验可能是克服这种恐惧的最有效的办法。这意味着接近你知道或怀疑你夸大其危险的情形。

◎ 艾比的故事

艾比因为害怕蛇而不能出门。她不会去参加女儿学校的活动,而是通过电脑设备召开和老师们的会议。她的治疗过程是通过电话进行的。她对自己实施这些限制的原因是,她认为自己出门的话可能会被一条毒蛇攻击和咬伤。她女儿为她找的借口"妈妈就是这样的妈妈"对她产生了影响,让她觉得不安。她想减轻这种心理负担,是时候采取行动了。

艾比决定利用接触蛇来消除她的对蛇的恐惧症。她决定采取循序渐进的方法。她喜欢训练自己的大脑,使其不再对蛇的形象的反应过度。

她的目标是可以自由地离开家,而不用害怕蛇。她相信害怕蛇是她恐慌的原因。可以说害怕失去控制和恐慌才是她主要的问题,但她的接触计划也将帮助她克服这种恐惧。具体地说,艾比相信如果她每天可以安心地穿过当地的公园，她就可以去任何地方，所以穿过当地的公园是她的目标。

艾比的第一步行动是在家中用一种舒适的距离看无毒蛇的照片。她用了家庭娱乐室，因为她觉得那个房间令人放松和愉快。她女儿在房间里放了一幅蛇的照片，而她一次移动一英尺，从房间的一端挪到另一端。她慢慢往前走，直到她能拿着蛇的照片，近距离地观看它。

然后，她去了博物馆参观爬行动物展览，观察玻璃展柜后面的填充蛇。她打算采用和上述的照片法一样的步骤，然而，这次她必须先去博物馆。在丈夫开车送她去博物馆的路上，她感到非常焦虑。陪同她的两个女儿鼓励她。根据计划，她的丈夫把她和两个女儿放在了博物馆入口处的楼梯上。她轻快地穿过门，走向展柜。她站在离展柜不到三英尺的地方，看了所有的蛇，包括有毒的种类。当丈夫来到她身边时，她已经眼花缭乱了。事实证明接触蛇的展览是可行的。

接下来，艾比和家人一起开车去当地动物园的爬行动物展览观察蛇。这些活蛇被放在玻璃箱里。和以前一样，她轻快地走近了那个箱子。她想尽快完成这个锻炼。她发现自己对蛇的颜色很感兴趣，并谈到从有关蛇的文章中了解到了很多知识。她和一位养了几条宠物蛇的游客聊了起来。她发现自己的恐惧是可控的，也发现她在动物园待的时间越长，恐惧感就越少。当她感到放松时，她就离开了。

她的下一步是穿着高筒皮靴，在自家的草坪上散步。她的家人陪她一起散步。有靴子保护着她的腿，她觉得很安全。她觉得自己能应付这种紧张气氛，所以她独自绕着街区走了一圈。

接下来，她穿着及踝高的靴子绕着草坪走，然后绕着街区走。一旦她对这个过程感到放松，她就穿着运动鞋再重复这个练习。

最后，她独自一人，穿着靴子穿过公园。此后，她就可以穿着运动鞋和家人在公园里散步了。

接触计划需要多长时间才能起作用？对凯伦来说，这花了她六个月的时间。对艾比来说，这一切在几天之内就结束了。每个人都不一样。对"停止恐惧需要多长时间"这个问题的答案是，需要多长时间就需要多长时间。

克服恐惧症的经典方法

克服恐惧症或害怕的经典方法有六个步骤：从一个目标开始，设置一个层级结构，练习一种放松技巧，为每个步骤创建应对声明，在想象中接触，以及真实地接触。

从一个目标开始

你的目标应该是有意义的、合理的、可衡量的和可完成的。比如，你是对狗有恐惧症的劳埃德，你想完成什么？是拥有一只好斗的大狗吗？你想在只怀有正常戒备心的情况下走过一只大型狗吗？你愿意抚摸一只友好的大狗吗？你想在那些看起来友好的狗狗身边感到自在吗？在我们开始讨论劳埃德的案例之前，让我们先来看看解决恐惧症的典型步骤。我将以对狗狗的恐惧症为例。

设置一个层级结构

识别轻度、中度和严重的恐惧情况，并将它们按最不可怕到最可怕的程度排列。如果你害怕狗，最不可怕的狗的形象可能是一只表现得友好的小狗；如果你看到这只狗被主人用皮带拴着，躺在你家车道尽头，你可能会感到一阵焦虑的刺痛。这个图像将是你的层级结构列表中的第一项内容。紧接着，我们要为列表的内容创建第二项。这可能是同一条狗，同样的情况，只是这次狗是坐着的。这个图像应该比第一张稍微多一点张力。你的层级结构的最后一项可能是你抱着小狗。在设置层级结构时,最好保持步骤之间的紧张程度相等。

练习一种放松技巧

使用放松技巧来达到平静的状态。你可以参考第 9 章或其他资料中的放松技巧。练习放松,直到能产生预期想要的效果。

为每个步骤创建应对声明

想出适用于每一步行动的应对声明。一个自我效能信念如"我可以组织和调节我的行动来实现我的目标"就可以作为一个这样的声明。这样做的目的是找出合适的应对声明,来帮助你在接触期间保持乐观的视野。

在想象中接触

在精神放松和姿势放松的状态下,想象一下你的层级结构的第一步,想想你的应对声明。重复这个过程,直到对图像感到舒适为止。然后在你的脑海中进入层级结构的下一步。

应该多久练习一次这种可视化技术?最好的衡量标准是你能以一个舒适的状态练习而不觉得有压力。当你和层级结构上的挑战最大的顶级图像也能和平相处时,你就可以继续进行下一步的实地接触了。

真实地接触

从你层级结构的第一步开始练习,然后继续下一步,直到你完成了所有步骤,并克服了你的恐惧。你可以和你信任的人一起做这件事。

专家贴士　在朋友的帮助下克服你的恐惧症

很少有人一生中没有恐惧症或害怕心理。霍华德·卡西诺博士是霍夫斯特拉大学心理学教授，也是《不生气的活法：七种技巧让你心平气和》一书的合著者，他患上了一种限制他享受自己最喜欢的活动的恐惧症。他讲述了他是如何克服恐惧的，你也能做到：

"在心理治疗中，我们经常谈到治疗联盟的重要性。我们的意思是，进步往往建立在对治疗师的信任和尊重的基础上。我们必须相信那个人是在为我们工作，在帮助我们。这个理念是帮助我克服自己的焦虑的核心。

"许多年前，在我尝试成为一名飞行员失败后，我产生了恐高症。我经历了几次可怕的死里逃生。这种恐惧蔓延到滑雪和乘坐电梯，我变得'无法'乘坐任何离开地面的电梯。虽然我避开了最喜欢的消遣活动——滑雪，但我还是想重新捡起这个爱好。

"我参加了一个'脱敏'计划。我去了不同的滑雪场，在那里，电梯把我带到越来越高的地方，最后在科罗拉多的山脉上我乘坐电梯到达顶峰。我成功的秘诀是，我总是和一个我尊敬和信任的朋友一起去。这样我感到安全，并愿意接近以前总想办法避免的令人恐惧的情况，这招奏效了。过了一段时间，我就可以独自去乘坐电梯了。

"最近，我去了一趟中国香港，被要求乘坐缆车到达山顶。我轻松地完成了这项任务。

"我建议你邀请你信任、尊重甚至钦佩的人和你一起治疗你的恐惧症。这可以有很大帮助。"

◎ 劳埃德的故事

劳埃德的邻居有一只很友好的小狗。她知道劳埃德害怕狗，因为每当她带着狗出去时，劳埃德就会躲进他的房子里。除此之外，劳埃德和他的邻居相处得很好。他有时和她开玩笑说，他有一天会摸摸她的狗，她也无数次邀请他靠近她的狗。

当劳埃德决定要克服对狗的恐惧时，他向邻居解释了他想做什么。他的目标是能够抚摸一只友好的小狗。他的邻居很乐意帮忙。第二天，他给了她一份他的接触步骤，并解释说在采取每一步行动之前，他都必须在精神上做好准备。

他的计划是每一步接触都需要 8 分钟。他会用两分钟的时间来想象第一步的画面，同时配合深呼吸。在这段时间结束时，他会在脑海中重复三次他的应对声明。然后他会迈出第一步，进行 5 分钟的接触。在那之后，他会让自己放松 1 分钟。如果他觉得这一步没问题了，他就会采取下一步行动，以此类推。如果有问题，他会重复这一步。

劳埃德成功地克服了他对小狗的恐惧。尽管取得了成功，劳埃德并没有停止他的接触项目。他参观并观察了几节狗的训练课程，并观看了狗的表演。当他遇到一只咆哮的长相可怕的狗时，他仍然保持警惕，这是自然的。除此之外，他和任何体型大小的狗在一起都很自在。

克服你的恐惧症

是时候采取措施来克服你的恐惧症了。首先设定目标，然后创建一个接触的层级结构。你可以使用劳埃德的层级结构作为模型；它包括四个经典阶段：放松技术、想象、应对声明和接触：

劳埃德接触狗的层级结构

放松技术	想象	应对声明	接触
1. 深呼吸	邻居的小而友好的狗	"我认识这只狗。他以前从来没有伤害过任何人。"	邻居把她的狗带到你车道的尽头

(续)

放松技术	想象	应对声明	接触
2. 深呼吸	附近有只拴着皮带的同样友好的邻居家的小狗	"这只狗很友好，不咬人。"	邻居把她的狗带到离你不到一英尺的地方
3. 深呼吸	你的邻居带着她的对人友好的小狗来到你家里	"这只狗很友好，不咬人。"	邻居带着她的狗到你家，并把狗绳解开1分钟
4. 深呼吸	同一只友好的小狗；你带着它绕着房子散步	"这只狗很友好，不咬人。"	你带着狗在家里散步5分钟，直到你感到放松
5. 深呼吸	你和一个朋友在你家附近散步。你们一直走，直到你看到至少一只狗	"这些狗被拴在皮带上或用栅栏围起来，不会伤害我。"	和一个朋友在附近散步至少半个小时
6. 深呼吸	请自己重复步骤5	"我已经和我的朋友一起很轻松地这么做了。我可以自己去做。"	独自在你的社区散步至少半个小时，或者直到你看到几只狗，仍然感到放松

练习 设置接触的层级结构

对你的恐惧症采用分级方法。把你最不害怕的情况作为第一步，然后把稍微有点可怕的情况作为下一步，以此类推，直到你完整描述了你的接触目标。为每一步骤都配上放松技巧、想象以及应对声明。然后继续实施这些步骤，直到你已经充分克服了恐惧。

放松技术	想象	应对声明	接触
1.			
2.			
3.			
4.			
5.			
6.			
7.			
	想象	应对声明	接触

你的进度报告

写下你从本章中学到了什么，以及你打算采取什么行动。然后记录下采取这些行动后的结果和收获。

你从本章学到的三个关键观点是什么？

1. _____
2. _____
3. _____

你能采取哪三种行动来对抗某种特定的焦虑或恐惧？

1. _____
2. _____
3. _____

你采取这些行动后的结果是什么？

1. _____
2. _____
3. _____

你从采取的行动当中收获了什么？你下次会做什么样的调整？

1. _____
2. _____
3. _____

第 18 章

战胜焦虑和恐惧的多模块联动治疗方法

罗格斯大学名誉教授阿诺德·拉扎鲁斯开创了一种多模块联动治疗方法来帮助人们对抗焦虑和其他不良情况。为了更好地理解和克服焦虑的七个模块,也即问题的不同方面,拉萨鲁斯通过首字母缩写 BASIC-ID 来对其进行描述:行为、情感倾向、感觉、意象、认知、人际关系和药物/生理。

本章首先会介绍 BASIC-ID 方法,然后将展示此方法的应用,即通过一些焦虑信号表明你需要做出改变的心理状况。

改变的良方

BASIC-ID 方法让你通过做出改变来处理每个模块:

1. 行为(Behavior)是指你不想再继续做的事情,比如从恐惧中退缩;或者你想开始做的事情,比如迎接有价值的挑战。
2. 情感倾向(Affect)是指你的情绪,你可能希望减少诸如焦虑或过度愤怒的负面情绪,或者是那些你想要增加满足感和幸福感的时刻。
3. 感觉(Sensations)是指你看到和听到的,但它们也指与焦虑相关的感觉,包括头痛、腰痛和肠胃不适。

4. 意象（Imagery）是指你脑海中的画面，比如对自己的卡通形象、幻想或自我形象的塑造。
5. 认知（Cognitions）包括你的信念、态度、观点、价值观和哲学。
6. 人际关系（Interpersonal）是指你与他人的关系。
7. 药物/生理（Drugs/biology）包括你正在服用的药物、你可能滥用的物质、健康问题，以及焦虑或抑郁的生理倾向，还包括一些脑部损伤。

这些模块的重要性可能会因人而异，比如你可能对自己的感觉特别敏感。如果你的心率突然加快，这种感觉会引发恐慌性认知：我心脏病发作了，我要死了。你可能在前往医院的救护车上拍一张自己照片，而这张照片会导致心率进一步加快和呼吸不畅的问题。上述组合是 S-C-I-D（感觉、认知、意象和药物/生理）模式。无论你的焦虑模式如何，BASIC-ID 都是一个框架，我们可以按问题优先的原则来分解并解决它们。

焦虑是改变的有益信号

焦虑有时是改变的有益信号。当你产生焦虑时，重要的是以你的不安感为警示，并及时做出反应。但是，有时你很难区分正常的焦虑和不健康的焦虑这两种类型。对于一位名叫戴安娜的客户来说，情况确实如此。

◎ 戴安娜的故事

戴安娜是一位 23 岁的单身女性，严重的焦虑和恐慌总困扰着她，她经常因此难以入睡。她缺乏锻炼，经常在爬楼梯时气喘吁吁。不过她身体很健康，也不会通过喝酒来缓解紧张情绪，也没有服用任何药物。她体重正常，长得漂亮，性格开朗热情。

黛安娜说，焦虑曾掌控了她的生活。她经常惊慌失措，害怕失控或发疯。她说她甚至会为了让这种恐惧的感觉消失而去做任何事。她描述她经常肌肉僵硬，胃像被打了结。她思维混乱、精神涣散、健忘、害怕做错事受批评、不敢冒犯任何人。她缺乏安全感，总是自我怀疑，认为自己是个可怕的人。那么，她的焦虑从何而来呢？黛安娜形容她的童年充满了美好的回忆，基本上无忧无虑。她对那个时期的描述似乎是合情合理的。

步入青春期，她的焦虑忽然加重了。她在自己犯错、出糗、被拒绝的时候都非常敏感。在那一时期，她领悟到若要被他人喜欢，就需要迎合别人，这样他们就不会察觉到她的不完美之处了，也许她可以由此避免冲突。

在黛安娜23岁生日时，她便与相恋不久的杰克订婚了。就在那个时候，她的焦虑情绪突然开始爆发。黛安娜说，订婚前，杰克看起来很热情、很细心，虽然有时可能会有点猜忌嫉妒，但是那种吃醋的方式是可爱的。当然，他喝酒有点多，他说他需要喝些酒自己才能放松。黛安娜告诉自己接受这一切，因为这是男人的事情。

黛安娜宣布婚期后，就立刻搬进了杰克的公寓。之后杰克越来越爱猜忌，他要求黛安娜随时报备自己要去哪里，并与他保持电话联系，甚至还在公寓附近跟踪她。而且他喝酒也越来越频繁了。在与杰克生活了三个月之后，黛安娜对于这段感情感到十分困惑。

区分不健康的焦虑与正常的焦虑

有时你很难区分不健康的焦虑与正常的焦虑，尤其如果你有长期的焦虑问题。比如，黛安娜在遇见杰克之前就已经经历了不健康的焦虑，但是在她遇见杰克后，这种焦虑加重了。

起初，黛安娜否认她加重的焦虑情绪与她和杰克的恋爱有关联。她把这归因于婚前的紧张情绪。然而，当她谈到未婚夫跟踪她的一举一动并且凶猛地酗酒时，她不禁出了一身冷汗。

一开始，在面对这些事情时，她只会怀疑、责怪自己。她回忆说，在他们交往的起初，杰克是体贴细心的，但随着时间的推移，他变了。她觉得那一定是她的错。他现在认识了真正的黛安娜，是因为她的错他才总去借酒消愁的。然而如果喝酒是"男人的事情"，那么他怎么会因为一个女人去喝酒呢？

在自我剖析以后，黛安娜意识到她的这段关系很不健康。她回忆说，她恳求他信任她，但这种恳求没有任何效果，杰克还是追踪她的一举一动。她不能在喝酒的事情上跟他讲道理，他掩盖了事情的本质，只叫她别老抱怨。

黛安娜很快发现杰克有严重的问题，并且这是不能通过取悦他或试图与他沟通协商来解决的问题。尽管如此，她还是认为和没人愿意娶她、只得孤独终老相比，她与杰克的恋爱关系让她罪恶感更小。她把未来想得很可怕，觉得自己会变成一个满脸皱纹的老处女，身边只有宠物猫聊以慰藉。

转变视角

当你有不止一种方法来看待一个情况时，异向干预可以帮助思维转变，因为你会将焦虑的视角与现实的可能性进行对比。

比如，黛安娜担心，如果她提出分手，别人会觉得她活得很失败。她清楚自己永远不会对杰克满意，但她想如果取消婚礼，以后面对亲朋好友会很尴尬。她已经向家人和朋友夸赞了杰克是个很好的男人，她很幸运可以遇见他。如果她取消婚礼，她会不会像个伪君子？她想象到她的朋友和家人都会不赞同她的提议。

黛安娜随后意识到，如果是她最好的朋友离开了一段不健康的关系，她会认为这是勇气之举。如果她能接受她的朋友断绝不健康的关系，而不认为她的朋友是失败的伪君子，那么她为什么要担心自己被别人当作一个失败的伪君子呢？当她经过这种异向认知后，她终于明白，别人觉得她活得失败，只是她的主观臆想。

黛安娜也实际检验过她的认知。她询问她母亲和两个闺蜜对杰克的真实看法。她妈妈很直率，认为杰克的饮酒恶习特别严重。她担心二人的未来，曾打算劝女儿推迟婚礼，最好是取消婚约。黛安娜的两个朋友都说她应该放弃杰克。这彻底消除了她的恐惧，让她不再在公众场合对取消婚礼这件事感到尴尬。

黛安娜回想了在杰克进入她的生活之前她的恋爱史。她身材迷人，个性活泼，总有人跟她约会。她意识到她面临的是另一个想象与现实不符的问题：当她有很多追求者时，她怎么会注定成为一个老处女呢？黛安娜很快发现，老处女的形象跟自己丝毫不符。

采取行动

即使你知道什么是最适合你的，你也可能需要一段时间才能采取正确的行动。比如，黛安娜承认，她跟着杰克永远不会幸福，但她还是挣扎了几个星期后才明白如果她自己真的有必要伤害杰克的感情，那也不能说明自己就是一个坏人。她担心杰克会生她的气，会恨她，会拒绝她想要取消婚礼的要求。她想象着他高高在上，冲她喊道："你怎么能这样对待我们这段关系？你答应了会嫁给我的。"最终，她会不得不继续修复这段关系，希望她能与杰克沟通她想在关系里更独立自主的愿望，但他根本不听不进去。

这里黛安娜面临着另一个与现实不符的情况：如果她不能与杰克互相理解，而他已经拒绝了她期望平等伴侣关系的愿望，那么她最担心的事情其实已经发生了。她最终意识到她无法控制杰克对她的想法，不管她多努力，她都不可能取悦杰克，尤其是当他认为喝酒比他们之间的关系更重要的时候。

通过剖析对于被拒绝的恐惧，戴安娜开始意识到她非常害怕发生冲突，愿意通过姑息来回避冲突，但这种状况即将发生改变。在一家拥挤的餐馆里，黛安娜告诉杰克举办婚礼是不可能的了。她选择了在公共场合去说，因为她知道杰克不愿当众出丑。然而，杰克说服戴安娜给他第二次机会。于是她建议他寻求婚前咨询，他同意了。

之后有一段时间，杰克表现非常好。他喝酒少了，对她的下落不再那么好奇。可是，在三个星期内，他就中止了咨询，重新变回老样子。这让黛安娜的焦虑加重了，但这次她意识到她的焦虑是因为她担心她和杰克的未来。

一旦黛安娜理清了她混乱不堪的、成串出现的焦虑问题，她就更相信她的真实感受了。她承认，她的焦虑是一个信号，表明这样的关系不适合她。戴安娜对她的关系做了最后的了断，她的焦虑也随之大为减少。

将焦虑分解为多种模块

采取 BASIC-ID 方法可以帮助你分解复杂的焦虑问题，解决不健康的焦虑和正常的焦虑。下面这张表中显示了黛安娜如何使用 BASIC-ID 方法来实施她的改变计划。请注意，黛安娜的 BASIC-ID 模块计划从认知开始，因为这个模块对她来说最为重要。但有些模块之间会有重叠：比如她的意象模块包括了一些思想和观点，一旦这些思想和观点发生改变，她的负面的自我形象就会有改观。

黛安娜的 BASIC-ID 模块计划

形式	问题评估	解决方法
认知	1. 我可以通过取悦他人来避免冲突和被拒绝的情况发生 2. 取消婚礼会让别人觉得我很失败	1. 异向干预：如果你能接受别人不会百分之百地对你满意，那么为什么你不能接受在生活中不同的人会对不同的话题产生兴趣？一个参考答案：除非你是在非正常的环境中长大的，否则都会允许不同意见、看法和观点的存在 2. 如果你最好的朋友结束了一段不健康的关系，你会认为这是一件勇敢的事 　去实际检验，向他人征求意见

(续)

形式	问题评估	解决方法
意象	1. 自我形象是长满皱纹的老处女 2. 认为自己的形象很可怕	1. 把自己想象成一个能够高效解决问题的人。把自己想象成女英雄。想想女英雄在困难的情况下会做什么,并按这个角色演出来 2. 写出你的焦虑剧本,写出在你心中进行的理性与焦虑的对话
人际关系	不惜一切代价避免冲突和被拒绝的情况发生	冒险维护自己权利,冒险表达你的观点和看法
行为	为别人的不良行为找借口	1. 对人们的破坏性行为追究责任 2. 避免为别人的恶习承担责任 3. 在适当的时候,大声表达你的权利
感觉	紧张,肌肉僵硬	按摩,做伸展运动,听轻松的音乐,洗个热水澡 按顺序收紧和放松所有主要的肌肉群
情感倾向	不健康的焦虑与正常的焦虑	1. 摒弃"如果我不取悦别人就会被人厌恨"的观念,并运用异向干预:如果我的母亲和最好的朋友做了我不喜欢的事情,我会永远恨他们吗?如果不会,那么为什么我就必须要么百分之百完美、受到所有人青睐,要么失去我所有的重要关系?谁能说,如果我不完美,我就不能享受我的重要关系了? 2. 注意把正常焦虑当作警示信号,并及时做出适当的回应。与其躲藏和拖延,不如采取措施应对
药物/生理	1. 缺乏锻炼 2. 睡眠习惯差	1. 参加适度的锻炼计划:每天骑自行车上班,在健康水疗中心做有氧运动 2. 睡前两小时洗个热水澡,列出能支撑忧虑想法的证据,然后注意那些相互矛盾的事实、信息或信念。如果焦虑在睡觉前后又开始侵袭你,那么用一些事实和信念来消除忧虑

练习　创建你的 BASIC-ID 改变蓝图

要开始你的 BASIC-ID 计划，请写下你的主要焦虑或恐惧，然后回答问题，以便检查你所遇情况的每个模块。

目标焦虑或恐惧：_____。

行为：你正在做什么阻碍自己的健康和幸福的事情？把它写下来。你现在想开始做什么？比如，你想处事更自信吗？

情感倾向：什么负面情绪会影响你的心理？是什么产生了这些负面情绪？是认知、意象、人际冲突还是什么？当你感到焦虑时，你会怎么做？

感觉：你会将什么感觉与焦虑和恐惧联系到一起？比如，当你感到心跳不规则时，你会感到恐慌吗？

意象：当你处于困境时，你如何想象自己？你有负面的自我形象吗？

认知：你的哪些想法会引起大多数的焦虑或恐惧？比如，你认为你遇到的问题永远都不会结束吗？

人际关系：你如何管理人际关系？你对别人有要求吗？你会避免社交吗？

药物/生理：你如何平息你的紧张情绪？紧张的时候你会抽烟还是喝酒？你会通过散步来冷静下来吗？

现在使用 BASIC-ID 框架，在下面表格中的"问题评估"栏将你的情况写到中间列。由于相同的问题可能以多个方式出现，你必须判断情况的分类。重要的是将焦虑或恐惧的关键组成部分放入有组织的框架中。接下来，运用本书技巧或你自己发明的方法，为每个模块问题制订并记录规范性计划。

你的 BASIC-ID 模块计划

形式	问题评估	解决方法
行为		
情感倾向		
感觉		
意象		
认知		
人际关系		
药物/生物		

如果你愿意，你可以按其重要性编号，以便你可以优先级处理第一、第二和随后的问题。根据你的水平指数，逐步执行你的计划。

第 18 章　战胜焦虑和恐惧的多模块联动治疗方法

专家贴士　加快掌握之道

多模块联动治疗师杰弗瑞·A. 鲁道夫博士与他的客户分享了这个技巧：

焦虑就像汽车仪表板上的警示灯。当你感到焦虑时，你的焦虑信号会告诉你发生了什么事。这件事你清楚得很，就像你有一个逾期的抵押贷款账单无法支付，有一阵突如其来没有缘由的腹痛。但是，除了恐惧感之外，你可能没有意识到焦虑的其他关键因素。

你要从快速检查开始。你的行为、情感倾向、感觉、意象、认知、人际关系和药物/生理健康模块发生了什么？其次，针对每个相关模块，建立一种实用的 BASIC-ID 的方法去解决问题，方法要契合你的个性和你所处的困难情况的属性。

你还要了解你解决问题的成本。多模块联动心理治疗方法是一种基于个人健康和个人资源的方法，它强调什么是你的权利，以及你可以做些什么来帮助自己。比如，你有多少次面对一个可怕的情况时，先是怀疑自己，但最后克服困难，度过了痛苦的逆境？分类并整理你过去所面临的具有挑战性的境况——一个引起焦虑的事件——以及你克服焦虑和恐惧的方法。每当你需要提醒自己是如何克服之前的障碍并变得更坚强时，你就可以更新这个日志。

利用焦虑作为提升应对技能的机会，提高能力，建立自信。下面是一个很适用于我的客户的四步方法：

1. 尊重你的基本需求。对抗焦虑的最好方法是找出什么能给你情感上的满足感。当负面、无助的信念让你无法相信自己可以投入行动时，你最容易焦虑。请记住：停止自我保护并开始表达自我。
2. 退一步反思过往，并重新将你曾持之以恒地记录并颇有收获的分类日志运用到现实情况中，找准你的天然优势。
3. 选择和你的需求最贴合、最有效的策略，规划你的方法并记住你的选择。

4. 在面对具有挑战性的情况之前,先保持正面积极的自我形象。通过想象自己能成功管理焦虑,并不断实践自己做得好的事情,你对这些方法的掌握就会越来越娴熟。

你的进度报告

写下你从本章中学到了什么,以及你打算采取什么行动。然后记录下采取这些行动后的结果和收获。

你从本章学到的三个关键观点是什么?

1. _____
2. _____
3. _____

你能采取哪三种行动来对抗某种特定的焦虑或恐惧?

1. _____
2. _____
3. _____

你采取这些行动后的结果是什么?

1. _____
2. _____
3. _____

你从采取的行动当中收获了什么?你下次会做什么样的调整?

1. _____
2. _____
3. _____

第四部分

你的个人焦虑和恐惧

- 看看焦虑是如何从完美人设的陷阱中产生的。
- 学习如何停止对自己的不完美感到焦虑。
- 锻炼你的自由意志,把自己从不必要的束缚中解放出来。
- 使用创新的 PURRRRS 计划来摆脱焦虑对自己的限制。
- 探索如何将自己从自我价值的焦虑中解放出来。
- 了解如何塑造积极的、新的生活方式。
- 进行一次测试,看看你的社交焦虑有多严重。
- 遵循五十个步骤,学着将社交焦虑抛之脑后。
- 学习如何纠正混合性焦虑和抑郁。
- 学习如何停止对自己的感觉和情绪感到束手无策。
- 如果你重新跌入焦虑的旧习惯,就要马上振作起来。
- 增强自己的韧性来抵御不必要的焦虑,防止焦虑的复发。

第 19 章

终结完美主义思维

如果你期待自己是完美无缺的,并且认为只有达到了完美标准,自己才有价值,那么你就掉入了"自我价值感权变"的陷阱。在我们这个充满固定信念的世界,把事情做好是远远不够的,你需要做得非常完美;表现得很平常是不够的,你必须表现得非常突出;你要不惜一切代价来避免犯错,否则其他人就会评估且淘汰你。

对于犯错的恐惧存在于完美主义的各种情况中。这种消极的完美主义在不同形式的焦虑中交织。抑郁和完美主义可以共存。愤怒和完美主义可以共存。物质滥用和完美主义可以共存。对不确定性的不容忍和完美主义可以共存。因为完美主义在如此繁多的痛苦情况中交织,所以它是一个重要的跨诊断因素也就不足为奇了。

如果你已经掉入了完美主义的陷阱,你可以利用认知行为疗法来扭转这个自我强加的悲剧。认知行为疗法对于治疗完美主义是很有效的。有充分的证据证明利用认知行为疗法来应对完美主义可以促使神经生物向有利的方向改变。这些积极的变化将支持你去反对这个谬论,即通过做事完美你就可以完全控制情绪、人生和其他一切。

完美主义陷阱

通常来说,你可以改变干扰你拥有高质量生活的完美主义思维。这些思维在各种情景中发生,并且以一些不同的或重复的形式出现。

自我完美主义

自我完美主义反映了一句哲学思想,"我必须以某种确切的方式行事;否则我将一无是处;我必须不能犯错;我必须要感觉到有价值;我必须不惜一切代价来保持我的形象和外貌。"被这些要求压迫着,谁会不焦虑呢?

这些观点是可以被反驳的,你需要着眼于在能力范围内能做什么,而不是强调自己应该变成什么和必须做什么。

社会完美主义

社会完美主义是指别人应该顺应你的世界观来活动,这通常是适得其反的。其他人对于现实世界的认知通常具有自己的观点,这些观点可能只是在某些时候才会与你的观点不谋而合。

为了建立情感上的宽容,你可以学会接受——而不是喜欢——别人不必像你一样思考和感受。在这种开明的状态下,你可能会避开那些你不喜欢的人。你可能会选择那些与你有共同兴趣、价值观和信任的人作为你的朋友。当事情没有按照你的意愿发展时,你会感觉情绪上不那么慌乱。

学习完美主义

学习完美主义是指当你学习一项新技能时,你是你自己最大的批判者。当你不能达到别人的努力程度时,你可能会为自己感到尴尬。

事实是,每个人在学习新的技能时都会经历尴尬期。有一些失败是很有建设性意义的。你还能怎样去学习呢？你需要接受学习技能和感到沮丧是如影随形的这个事实。当你该去学习新的东西时，你就会减少紧张不安。相反，你会对新的事物产生兴趣。

比较陷阱

比较陷阱指的是你不断地将自己的成就与他人的成就进行比较，并认为自己做得不够好。这种观点增加了你在那些你认为比你优秀的人面前感到焦虑的风险。

要消除这种想法，就要把注意力集中在你能做的事情上，让其他人去担心他们自己的表现。

表现焦虑

表现焦虑会让你误以为你能在所有的事情中都只能成功，绝不能有错误发生。就像一位作者不断修改他的作品，然而这本书从来不会出版，因为对它的修订从来都没有达到完美的标准；就像一位发明者放弃了一个有前景的方案，因为他没有百分之百成功的保证。

为了避免这种陷阱，你需要说服你自己复杂事物的发展是一个漫长的过程。比如，一项伟大的发明极少是诞生即巅峰的。

你可以在你的能力范围之内做到最好，并且一直坚持进步，直到达到合理的水准。

要求哲学与追求哲学

完美主义有不同的目的。比如，作为一种对匮乏感的补偿驱动，它通过建立牢不可破的控制来保护自己不受威胁。然而，这种安全感和价值感是一种受误导的幻想，到最后只能是自作自受的结局。任何你为了达到完美无缺而做出的努力都是远远不够的。

如果你掉入了完美主义陷阱，那么你就受"要求哲学"影响着，在这种哲学中，想要成功的意愿会转变为一种需求，需求会转变成一种要求，要求会再转变为一种强制。焦虑和无价值的感觉会伴随着这一转变的过程。要求哲学会导致焦虑，在这种焦虑中，威胁来自于内心。这种哲学有自己的语言，由要求术语——如"应该""应当"和"必须"——以及它们的同义词组成。

在完美人物陷阱中，你用二分法来定义自己：你要么是对的，要么是错的；要么是强的，要么是弱的；要么是好的，要么是坏的。你以非黑即白的方式看待事物，而这些极端方式模糊了你观察现实的窗口，而且它们会导致痛苦。如果你没有达到自己的期望，你可能会感到威胁和焦虑。现在你面临的任务是尝试成为你不是的那个人，你可能会感到焦虑，无论你做什么都不够好。

相反，"追求哲学"是一种更灵活的看待生活的方式。在这种哲学下，你可以根据自己的喜好、预期或愿望来进行思考。与此同时，你通过追求你想要的东西来保持你的兴趣和欲望。

你可以为了变得卓越而奋斗，这意味着，你要尽可能地利用好手上的时间和资源。你可能会渴求高质量的表现，谁不是呢？然而，无论你的表现如何，你的表现并不能说明你完全成功或完全失败！

从喜好的角度思考

如果你从喜好的角度来思考，你更有可能会拥有一个轻松豁达的生活方式。当你更加豁达时，你会更加专注于真正重要的事情，这也会减少像寄生虫一样缠着你的焦虑感。

练习　注意你使用的词语

以下两列词语是关于两种相反的哲学思想的，你更熟悉哪一类呢？

要求哲学	追求哲学
指望	期望
要求	愿意
只能	想要
必须	希望
应当	喜欢
应该	渴望

如果你喜欢追求哲学的感觉，下次当你开始使用一种必要的哲学词汇时，停下来看看你能不能把它转换成一个追求哲学词汇。

虽然没有法律规定你必须选择追求哲学而不是要求哲学，但这样做可能会有积极的结果。

极度期望与理性期待

为了进一步避免自己成为一位完美主义者，你需要知道"极度期望"和"理性期待"两者的差异。"极度期望"是一种典型的完美主义者思维。在这种思维下，你认为生活应该、必须或一定要按着你的预期进行。然而，这种思维简直是胡说八道，如果你相信它，现实会一再挫败你的期望。

相反，"理性期待"只是陈述了一种可能性，如果生活中大部分是可能性，只有一些绝对（比如"太阳在早晨升起"），那么用可能性来思考问题是有意义的。这样你就不会陷入两极分化思维的陷阱。当你不合理的要求和不切实际的期望更少时，你更有可能感到自信。当你从理性期待的角度思考时，你会敞开心扉去面对你渴望实现的结果，无论结果是好是坏。

当然，任何人都不可能做到纯粹理性，毕竟"人非圣贤，孰能无过"。一直保持纯粹理性的期待感是不可能的，但是努力让我们自己变得更理性是可能的。

摆脱自我价值依赖外在条件的拉锯局面

在完美主义理论中，自我价值依赖外在条件，它的典型阐述是"我必须按照预期做事，否则将接受不了我自己"。在这种思维的影响下，你就坐上了一个情绪的跷跷板，当你做得好的时候，你的心情就好；当你做得不好的时候，你的心情就坏。

运用认知干预的方法，你就可以摆脱这种拉锯局面，以下介绍了四种完美主义者依赖的外在条件，以及应对它们的认知干预方法。

条件1："我必须是成功者。"你可能会要求你必须百战百捷，但是当你达不到这种期望时，你会感到挫败不已。"如果不能一直成功，你就会变成一个失败者"，这个想法是值得被质疑的。正确的、有益的想法是"无论做的事情或大或小，无论你是成功还是失败，你始终是同一个人，你始终是你自己"。成功可以带来优势，但有时做得不如你想的那么好并不会让你成为一个失败者，就像拼错一个词并不会代表你无能一样。

条件2："我必须完全掌控自己，否则将感到无助和绝望。"在这种情况下，你会对"没有完美的自我控制，我会很无助"这种想法感到格外焦虑。你可能还会认为，除非你拥有所有你认为自己需要的有利因素，否则你就无法自我提升。但如果完美的控制是克服无力感的唯一方法，而且你也相信自己无力改变，那么你怎么能控制好自我呢？走出这个困境的一个办法是接受这三个观点：第一，完美的控制是根本不存在的；第二，部分控制总比没有控制好；第三，接受你所不能控制的事情，这也是一种控制形式，因为你控制自己去接受现实而不是走向绝望。

条件3："我必须感到舒适才有安全感。" 如果你认为要有安全感，必须感到舒适，那么当你开始感到不舒适时会发生什么？口头上告诉自己一定要舒适会管用吗？你现在面临另一个困境，那就是你无法逃避不适。比如，面对未知，你会感到不安；冲突摩擦是不可避免的，它们也会让你感到不适。因此，如果你需要生活顺风顺水才能感到不焦虑，你是不会成为人生赢家的，因为不舒适是生活中的一部分，接受这一现实是从对不适的恐惧中解脱出来的一个步骤。

条件4："我必须得到普遍认可，才能感到自己有价值。" 与他人好好相处通常是一个好主意。获得别人的认可是有益的。但如果你不能被每个人喜爱，却认为自己需要每个人的喜爱，那么这时你该怎么办呢？这类幸福的条件是制造焦虑的一种成分，特别是当你怀疑自己能否得到你认为需要的认可时。想得到他人的赞成而不是反对是很正常的，但你不可能让每个人都满意。记住这一点，你就不太可能因为自己无法控制的事情而折磨自己。你可能很害怕犯错，并试图避免犯错。你可以使用行为干预来克服你在可能犯错的情况下所经历的那种恐惧。

练习　通过犯错来克服完美主义

为了使自己对犯错误的恐惧不那么敏感，你可以故意犯一些无关紧要的错误。比如，在参加同学聚会时，你可以故意把日期搞错，看看会发生什么；也可以告诉邻居一些假新闻；或者也可以选择提早来赴约。

把随后发生的事情都记录下来，你感觉到恐惧了吗？发生最坏的情况时，有人纠正你吗？如果有，这就是世界末日吗？

专家贴士　给自己看一部不同的电影

乔尔·布洛克博士是一位住在长岛的心理学家和婚姻治疗专家，他也是帮助人们过上幸福健康生活的坚定支持者。他写了二十多本书，包括《拯救我的生命：一个最不可能成功的成功故事》。布洛克给出了一个克服焦虑的绝招："如果你害怕有缺陷的行为，那么你可以多进行事前的排练演习，而不是事后进行弥补。"

迈克尔·菲尔普斯是历史上获得最多奖牌的奥运会选手，他曾在脑海中创造了一个图像，并反复练习；在教练的督促下，他练习通过观察头脑影像来发现问题并加以处理。菲尔普斯想象中的情景是他游泳时护目镜装满了水，换句话说，游泳时将什么也看不见。在比赛中，他的教练会指示他"播放影像"，菲尔普斯会在脑海中看到自己在闭着眼睛游泳。事实上，在一次国际比赛中真的发生了这样的事：他的护目镜装满了水，他不仅闭着眼睛游泳，而且他还打破了世界纪录！

菲尔普斯所做的——利用想象作为一种排练演习来控制他的焦虑，在科学上有着悠久的的历史。影像想象已经被用于在医学上帮助患者恢复健康，加速运动员在康复治疗中的恢复以及许多其他情况。菲尔普斯在克服焦虑的过程中创造了新的神经通路，这一过程帮助他减少了负面影像的影响。你也可以这样做。与其看让你焦虑的电影，不如看一部让你恐惧的电影，但是慢慢地它就不恐怖了。想象一下你如何成功地解决了你所害怕的一切，每天在脑海里重复几次那部电影，你就会发现，如果事情真的发生了（通常不会发生），你的焦虑感将会大大减少，或者完全消失。

> 你的进度报告

写下你从本章中学到了什么,以及你打算采取什么行动。然后记录下采取这些行动后的结果和收获。

你从本章学到的三个关键观点是什么?

1. _____
2. _____
3. _____

你能采取哪三种行动来对抗某种特定的焦虑或恐惧?

1. _____
2. _____
3. _____

你采取这些行动后的结果是什么?

1. _____
2. _____
3. _____

你从采取的行动当中收获了什么?你下次会做什么样的调整?

1. _____
2. _____
3. _____

第 20 章

如何停止压抑自己

在田纳西·威廉斯的《玻璃动物园》一文中，害羞的劳拉·温菲尔德与她收集的一些玻璃做成的小动物一起过着宁静且与他人隔绝的生活。她有轻微的跛行，但她夸大了跛行对自己的意义，认为自己就是一个跛子，并限制自己的正常行为，因为她认为自己是一个不被需要的残疾人。她渴望爱和陪伴，但同时也害怕暴露自己的不足，害怕被人拒绝。因为恐惧，她抑制了自己正常的欲望。

如果像劳拉一样，你也在适合自我表达和主张的领域中束手束脚，那么你能做些什么来解放自己？你有选择：你可以什么都不做，继续待在你想摆脱但又害怕放弃的处境中；你也可以等到时机成熟，但你很可能会等待很长一段时间；但你同样可以从现在开始采取一些改善压抑自己的行动。避免让过度压抑阻挡你前进的道路，因为这很重要。

锤炼自由意志

抑制主要有两种形式。一种是在生命早期就可以看到的行为抑制，它与探索欲被限制、好奇心被扼杀、回避不确定性和社交焦虑有关。例如，被过度抑制的幼儿在成年后患上社会焦虑的风险会升高。另一种是纠正性抑制，即你有意识地不让自己陷入令人窒息的压抑和焦虑中，并在这个过程中进行实验和探索。事实上，这是一个悖论，即通过学习抑制不必要的压抑行为，你可以更好地把自己从这些情绪的桎梏中解放出来。

有意的自我克制行为就是有自由意志的行为。当你以一种自我克制的态度做事时，你心里知道你可以采取不同的行为。例如，因为你想保住你的工作，所以你要克制自己在工作中玩电脑游戏的冲动。你对你的伴侣感到恼怒，但你会保持沉默从而避免一场无用的争吵。上述展现出的这种自我克制与该为自我发声却沉默不语的克制正好相反，它也不同于过度约束自己的行为。

首字母缩写 PURRRRS 代表了暂停（Pause）、利用资源（Use your resources）、反思（Reflect）、推理（Reason）、回应（Respond）、回顾（Review）和巩固（Stabilize）。你可以使用 PURRRRS 计划来锤炼你的自由意志以减少其他不必要的抑制行为。它也将帮助你对抗由抑制焦虑引起的匮乏感。你还将学习培养解决问题的耐心，而不是遇到困难就自动退出或回避有益的挑战。

暂停：当你怀疑自己过度压抑自己时，不妨停下来思考发生了什么。你是否感到紧张、紧绷和受限？这些情绪线索很可能与抑制性思维相关联。

利用资源：你可以利用什么资源来防止自己掉入抑制性思维的陷阱呢？先试试耐心如何？首先，你可以与自己达成协议，在解决问题前，暂停对自己压抑情况的判断。

反思：大多数过度抑制的人都能熟练地找到支持其抑制性信念的例子。在这一阶段，要说服自己采取自我观察的观点。后退一步然后描绘出自己的想法和信念。

推理：你经常会发现你的抑制性信念与你的情感和社会能力之间的不协调。将你的抑制性信念与现实进行对比。首先找出说明你能力的例子（比如你能思考、能推理并有成就）。接下来，对比抑制性思维与显示你能力的例子。现在的问题是：哪个是正确的？最后，问问自己，你可以采取哪些步骤来提高你的能力，减少不必要的压抑。这些步骤就构成了你的行动计划。

回应：有了一个合理的方法来解决你的压抑问题后，立即行动并按计划行事。

回顾：在采取行动对抗过度的抑制性限制后，你可以观察结果然后决定是否可以对此有所改进。哪些行动值得重复？哪些看起来很有希望修改？哪些行动值得放弃？

巩固：你如何让你的自我改善变得稳定？每种新情况都有其特点，通过化解压抑的经历，你学会了在特定情况下可以做什么；你学会了如何给自己以信心去处理不必要的压抑。

练习 用 PURRRRS 计划来对抗自我压抑

写下你想要应对的自我抑制情况。然后制定一个 PURRRRS 计划，以提高你的自我反思能力，并战胜你的抑制。

针对的抑制：_____

个人 PURRRRS 计划

PURRRRS 计划	行为
暂停：停下来准备行动	
利用资源：用意志和其他资源来抵制焦虑的抑制性冲动	
反思：探讨自己的思维	
推理：寻找抑制性信念和你能完成的事情之间的不同之处。你可以采取哪些新的步骤去完成你想做的事情？	

(续)

PURRRRS 计划	行为
回应：让自己赶上变革的步伐	
回顾：回顾整个过程并在结果表明需要尝试另一种方式时做出调整	
巩固：坚持提升，直到寄生性抑制得到控制	

在阅读完本章的其余部分后，你可能想回到这个 PURRRRS 计划，并将你学到的其他应对策略整合进来。

战胜压抑

若生活中规则太多，你会感到被过度的约束所束缚。生活在极端的自我限制中，你已经忘记了亚里士多德所提倡的中庸之道：这是在过度（当行为由冲动驱动时）和不足（当行为由抑制驱动时）之间的理想范围。佛教哲学也包括中庸之道的概念。

跳出性格框架

你可能习惯性地过分限制自己，因为你害怕违反某些大多数人会觉得武断和过分的规则。你可能认为你不能去做那些使自己受到关注的事；你可能认为你不应该做给别人带来一丁点不便的事。

现在是时候尝试一下跳出性格框架的练习了。这样做可能会解放你，让你做出合理的而不是抑制性的判断和决定。

练习　尝试不同的东西

假装你是一个不压抑自己的人，并尝试按照这个人的方式做事。

- 下次你去餐馆吃早餐时,看到菜单上有"两个鸡蛋,任何做法"时,点一个炒蛋和一个煎蛋。
- 午餐时,点一份烤奶酪三明治,其中一片土司要全麦的,另一片土司要白面包。
- 一只脚上穿白袜子,另一只脚上穿黑袜子,这样穿一天。
- 去一个你从未去过的城镇旅行并向三个人问路。
- 在不购物的情况下,向便利店换零钱。
- 如果你通常是小声说话,那么现在提高音量勇敢地表达自己。
- 独自一个人去博物馆并询问一些完全陌生的人对展品的看法。
- 和一个爱喧哗、爱热闹的人一起用餐。这个人在餐厅里会受到关注吗?食客关注的对象是谁?这有什么问题吗?

当你做这个练习时,你可能想把结果写成日记。回顾所发生的一切。你学到了什么?

通过尝试那些你通常会避免的活动,你给自己设下了去克服抑制性焦虑的任务。下一次当你有抑制情绪的冲动并认识到你的抑制是不合理的和过度的时候,你可以提醒自己:我可以克服抑制性情绪。

积极词汇实验

不安全感、焦虑和抑制通常包括消极的思维和抑制性的语言。你使用的语言对你如何理解自己的处境和感受起着主导作用。因此,改变你的语言可以对你的人生观产生积极的影响。

如果你没有使用积极的情感词汇的习惯,一开始这样做时你可能会感到既不舒服又不自然,但使用积极的表达方式有什么错呢?

> **练习 使用积极的情感词汇**
>
> 尝试每天背诵三次一些振奋人心的词汇。在进入社交场合前,在头脑中回忆这些词语。使用诸如"幸运的""柔和的""愉快的""温暖的""亲切的""快乐的""幸福的""圆润的""温和的"和"甜美的"等词语。查辞典以了解更多类似词汇。在每天的对话中练习使用其中的一两个词汇。

克服对使用积极表达方式的不适感会有助于你建立一个适应性强的且不受约束的人生观。

用幽默化解抑制

幽默是一种可以解决抑制的解药。当你受到拘束时,你能做些什么来激发你的幽默感?

- 阅读你喜欢的幽默大师所著的书。
- 看一部有趣的电影。
- 与那些可以让你笑的人待在一起。
- 运用想象力把恐惧的事情变成趣事。因为人们很难在笑的同时感到压抑。

感官意识实验

生理学家伊万·巴甫洛夫曾说,作为人类,我们首先通过感官体验与环境相联系。但随着语言的发展,我们背离了我们的根源,语言渐渐地取代了感官意识。这种分离成为人类各种苦恼的基础。

格式塔疗法的创立者弗里兹·皮尔斯创立了一种与巴甫洛夫的观点相符的技术。他认为人们耗费了太多的时间在精神的两极冲突上,如好与坏之间。这些两极冲突将你与你其他方面的人格分割开来。他的重点是帮助人们面对冲突,接受考验,形成健康的格式塔模式或整体感。

皮尔斯描述了一种值得测试的感官意识练习。

> **练习** 练习感官意识
>
> 在接下来的一周里,每天花 15 分钟去外部环境活动。用感官观察。你闻到、听到、感觉到、看到和尝到了什么?寻找你以前没有意识到的感官体验。在每个新的感官体验之前,先说"现在我意识到……"这句话。比如,你可能会看到一盆你以前没有注意到的五颜六色的植物("现在我意识到了一个蓝色和金色相间的花盆,里面开着红花")。当你经过一家比萨店时,你可能闻到比萨饼的香味("现在我意识到了比萨的香味")。你可能注意到一只运动的猫("现在我意识到一只奔跑的猫")。你看到天空中的云彩可能会改变("现在我意识到了头顶上的云彩")。

当你没有倾听自己的时候,你的耳朵可以捕捉到原本可能没被注意到的声音。你的其他感官也会变得更加敏锐。回到你的感官根源可以让你摆脱抑制性心态。

表达自己

阿尔弗雷德·阿德勒认为,每次改变都会带来恐惧和害怕,恐惧来自于我们如何评估变化。他的解决方案包括认识到你的错误性评估,并训练自己消除这些错误。

条件反射治疗师安德鲁·萨尔特尝试了多种行为方法来治疗抑

制。他建议通过表达自己来消除压抑，哪怕这种表达侮辱了别人。他认为这种方式比一味顺从或者直接抑制的方法更可取。萨尔特接着说，如果你采取极端的方法来反抗抑制，最终就有可能取得平衡。萨尔特被认为开启了自信运动的先河。

萨尔特建议中的攻击性目前已经过时了。心理学家罗伯特·阿尔伯蒂和马歇尔·埃蒙斯将自信描述为与他人平等关系基础上的自我表达。同理心、诚实、直言不讳和"非必要不伤人"的言论是健康的自信风格的特征。比如，大多数人会后悔自己的懦弱退缩，但当他们认为自己已经尽其所能表达自己后，他们也能平静地接受坏的结果；也许有些事不会成功，但如果你不尝试，你就永远不会知道结果。

你可以同时做到自我克制和自我表达。你明白抑制自己不说无用的伤人话语的意义，所以你克制住了自己。同时你也明白，表达自己的观点是理所应当的事情。在合理的克制和诚实的自我表达之间保持灵活的平衡是对治抑制导致的焦虑和焦虑导致的抑制的有效解药。

专家贴士　自信地表达自己

自信研究的专家罗伯特·阿尔伯蒂博士是美国心理学会的研究员，是六本书籍的作者或合著者，其著作包括《应该这样表达你自己：自信和平等的沟通技巧》（与马歇尔·埃蒙斯合著）。他还是心理学专业一百多本书的编辑。他分享了成为一个更有表现力、更加自信之人的窍门。

"手心出汗，心跳加快，胃部不适，肌肉紧张——生活中时常会发生这些情况。也许是在工作面试，请求别人帮助，拒绝不合理的要求，应付一个愤怒的人的时候。

"处理类似情况下的焦虑的一种方法是表现得自信。表达自己。说出你的感受。不要担心自己的话是否'正确'。事实证明，你说什么并不重要,重要的是你怎么说:直视对方,站直身体,使用坚定但友好的姿势和面部表情,保持你的声音平静。坚持不懈地陈述你的情况。

"试试这个:想象一个使你焦虑的情况——也许是一次工作面试。想象自己带着微笑进入面试地点,坚定地同面试官握手,然后清晰地说话表达自己,内心感到平静和自信。你一直笔直地坐着,不时与面试官进行眼神交流并有效地回答问题。在付诸实际行动之前,你在脑海中,或与朋友一起,或在你的脑海中与朋友一起经常复习这些想象,直到一切开始变得自然。然后把你学到的东西应用于实际情形吧。你的自信将减少你的焦虑,而且你会比你想象中表现得更好。

"练习、练习、练习!练习可能不会使人完美,但一定会使人更好!而这种练习——心理学家称之为'行为排练'——甚至可以在你的头脑中进行。神经科学家发现,我们的大脑从想象中学习的效果和从生活中学习的效果差不多。

"不,你不可能说话做事每次都完美无缺——没有人可以做到——但你会在大多数社交场合感到不那么焦虑,而且更自在。这样做的好处是你会发现你对自己的生活更有掌控力。"

你的进度报告

写下你从本章中学到了什么,以及你打算采取什么行动。然后记录下采取这些行动后的结果和收获。

你从本章学到的三个关键观点是什么?

1. _____
2. _____
3. _____

你能采取哪三种行动来对抗某种特定的焦虑或恐惧？

1. _____
2. _____
3. _____

你采取这些行动后的结果是什么？

1. _____
2. _____
3. _____

你从采取的行动当中收获了什么？你下次会做什么样的调整？

1. _____
2. _____
3. _____

第 21 章

战胜自我焦虑

日常生活中,大多数人会在醒着的大部分时间不停地对自己进行思考和反省。事实上,一个人对自身的反思内容和方式与他的生活质量息息相关。一个人的能力和他对自己的认知很大程度上决定了他的幸福指数和焦虑指数。

如果你经常为自己感到担忧,那么很有可能你会对威胁自身价值的事物极度敏感,并将其过分夸大了。

然而,通过摆脱焦虑和恐惧,你可以对自身应对挑战的能力有所了解,从而建立一个坚定且符合现实的自我认知。

探索自我认知

自我可能很难被定义,但每个人都拥有自我感和身份感,这点是毋庸置疑的。人们用姓名来介绍自己,用代词来代表自己,从镜子里看到自己,甚至可以从几十年前的老照片中认出自己。

人的自我意识存在于大脑的不同区域。大脑对自我的认识主要分为自我意识、行为监测、自我反思、自我参考和认知再评估五个方面。这些方面连接起来共同组成自我的认识。但其中的原理可不止这么简单。大脑如何构建自我以及处理自我导向的信息还是一个未解之谜。

你的自我价值

一个人对自己的看法是其内心自我意识的映射。它跟个人价值体系，以及对自我意识的判断方式有关。

你是否常常以自己的表现、外貌、心情或者对社会的贡献度来评估自身的价值？这种自我价值权变体系是建立在外在条件上的。比如，如果你是一个完美主义者，你就会认为只有任务完美完成的时候，你才是有价值的。反之则一无是处。

依赖外在条件的自我价值感极易引发焦虑、脆弱和不安。举个例子，当你觉得达不到自己或他人的要求时，你会感到焦虑，尤其是在一个可能会暴露自身弱点的情况下，你甚至可能会为了掩盖自己的缺陷而放弃一些千载难逢的锻炼机会。

你的价值体系

当被问到你是个什么样的人时，你脑子里第一个想到的是什么？是两极对立的词吗——好或坏，勇敢或懦弱，聪明或愚钝，有价值与否？还是一些特征性的词——坚定的，诚实的，公正的，好胜的？你是否以穿着、生活社区、教育背景、家族功绩、种族、宗教或者你所隶属的机构来评定自己？你是否有相对稳固的对生活、政治、宗教等事物的核心观点，从而让你可以更深入地认识自己？上述因素之和是否构成了你对自己的定义？还是你仅仅把这些因素看作你的部分组成成分？

受后天环境影响，每个人的价值体系都不尽相同。有些人在面对人际交往问题时非常自信，处理问题游刃有余。但是在面对其他问题时，可能又会束手无策。所以，到底哪个才是真正的自己？

有一个很好的比喻，自我就如同地平线，它从未消失，却又不停地变化着。倘若焦虑和恐惧的乌云遮挡了你的地平线，那就换个地方眺望吧。

自我意识和焦虑

一个人对自己的看法会影响他对机会和威胁的判断。如果你认为自己是软弱的，那么你更容易感知到威胁，想要将自己包裹起来不受任何外在威胁的愿望也更强烈。在这个自我保护的过程中，很多有利的情况都被视作应当回避的风险。这类自我保护如同纸做的盾牌，起不到任何防御作用。因为在面对焦虑和恐惧时，逃避不会让它们消失。有人会问，这种情况是无解的吗？当然不是！

避开自我价值感权变的陷阱

很多人生活在一个以成就为导向的文化背景下，他们以成功与否来评判自我价值。久而久之，他们开始追求完美。但是正如第19章所提到的那样，没有人是完美的。

自我价值感权变是一种非黑即白的思维模式。每个人对自我价值的评判标准不同。它可以是容貌、财富或者社会贡献度。你可能会认为，因为我很美，所以我是有价值的。但是，如果有一天你无法达到自己定义的价值标准呢？随着时间推移，你终会变老、变丑、变得无法再满足美的标准。因此，把自我价值感建立在这个条件上是导致焦虑的来源。

如果你认为自己不够好、不够聪明、不够自信、不够有魅力，那么这种自我价值感权变就会让你焦虑不已。不断地否定自己会放大你对威胁的敏感度，从而更易陷入自我焦虑和恐惧的沼泽中。

多元自我理论

定义自我的方式多种多样。你可以选择自我价值权变定义法。

但是，如果选择的方法对自己不适用，采取一个多元的自我价值评定方法或许可以带来不同的启发。

多元自我理论指的是，一个人的特质、品质、资质要比他认为自己拥有的要多得多。从多元的角度看，人不可能是单维的。人拥有成千上万的特性、感受、经历，这些都存在于一个充满机遇的宇宙中。人具有思考的能力，能从过去吸取经验，设想未来，且具有社会敏感度。总而言之，人会经历无穷无尽的事情。

人一生中所扮演的角色是多元的。你可能是父亲、女儿、教师、主管或厨师，甚至是一个讨厌鬼。价值观给自我增加了维度。这些都是指引你看待事物和如何生活的准则。这些准则可以是责任、自尊和毅力，也可以是具体特征：外向或内向的、不懈的、有创造力的、机智的、有力的、灵活的、精神的、接地气的、专制的、被支配的、被动的、富有同情心的、体贴的、焦虑的或健壮的，等等。是的，你会发现有多达 17 953 种不同的可能性。很多可以描述自我的词，比如"有价值的""重要的"和"微不足道的"，都与社会认知有关。但想要完整地描述一个人可远不止这么简单。

价值观与自我观

如果你觉得自我价值权变会让你感到焦虑，把权变价值理论与多元自我理论结合运用会产生意想不到的效果。但这是一个悖论。你认为你的自我价值取决于你所做的事以及别人对你的看法，但同时又认为自己是一个多元的且立体的人。你如何平衡这两种相悖的自我认知呢？

当你感到焦虑时，可以思考这样的问题：一个多维立体的人会因为犯了个错误就变得一文不值吗？如果你把自己的价值仅仅限制在上万个自我特性之中的一小部分，那你摒弃其他特性的依据是什么？

当然，这并不是让你必须在权变价值理论与多元自我理论之间做选择。但是你要想想，用价值观和自我观来定义自己，哪个更有意义呢？

> **专家贴士　正确看待自我**
>
> 　　弗吉尼亚州夏洛茨维尔的作家兼教授、心理治疗师拉斯·里格斯博士认为，为了避免因自我而焦虑，你要对自己采取综合的观点。
> 　　自我焦虑源于一种错误的信念，即认为当自己表现不好或不被别人认可时，自我是一无是处的，认为成功和认可不仅是需要的，而且是必要的。你坚信如果自己的表现不够出众，那么自身便毫无价值。如果你不幸掉进了这个无底洞，这里有三个方法可以帮助你来摆脱困境：
> 1. 告诉自己，虽然你的行为和特质是可以被定义的，但是你不可以被定义。虽然你的行为举止有很多（比如走路、嚼口香糖、写文章），但你仅由你的行为来定义。你有很多内在的品质（如智商、价值观、性格特征）和外在资产（如房子、身体、家庭）。它们固然存在，但它们不能定义你的本质。
> 2. 告诉自己，尽管你可以用好或坏来评估你的行为和资产，但是用好或坏来评定全部的你是不符合逻辑的。
> 3. 找出焦虑点之间的联系。想象有一个圆圈，里面有很多点。圆圈代表你所有的行为、品质和资产。一个好的圆点可能会带来很好的回报，但它并不代表你就是一个好人。一个坏的圆点可能会产生消极的结果，但它不会使你完全变坏。通过将小我（圆点）从圆圈（自我）中分开，你可以为这些点打分，但用片面的圆点来评估整个自我是不明智的。

凯利的角色构建理论

自我构建理论家乔治·凯利描绘了我们如何通过遵循"剧本"来构建现实。如果一个剧本出现问题，我们可以对它进行编辑。我们能够做到这一点，是因为我们有能力预测接下来会发生什么："世界一直在运转，揭示着这些预测的对错。这一事实为自我角色的塑造提供了基础。"

你能够做预判的能力是一个很大的优势。通过这一优势，你可以更好地自我控制、创造更适宜的环境，并对变数做出反应。当你发现自己误入歧途时，良好的预判能力可以让你快速进行调整。

凯利观察到，大多数人的行为就像科学家。他们对自己、他人和周围的世界都有一套自己的理论。他们会观察、收集事实、推论和预测。但是，这个过程可能是幼稚且充满问题的。举个例子，如果一个人不断地臆想一些根本不存在的威胁，会产生什么后果？

凯利建议重建这些预期。比如，通过揭露一些盲目的期望来创造更符合现实的理性期待。他认为感知的变化是通过采取新行为来实现的。他强调冒险、探险和创造力。凯利认为个人发展是一个不断扩展自身能力，并根据结果重新组织努力方向的过程。

凯利的方法适用于扭转负面评价和脆弱的自我认知造成的负面影响。通过表现得仿佛自己可以做得更好，最终你很可能会做得很好，并从自我导向的焦虑中获得解脱。

创建一个新的角色

事实上，每个人都能找到反映自身不和谐的"剧本"模式。凯利认为明智的做法是改变这些模式。他的想法是推翻现有剧本，写新的台词，演绎新的剧本，但是仍保留之前有用的内容。

想要把你的焦虑思维剧本变成积极的剧本,你可以创建一个虚拟的角色,给予它名字,但是不要告诉别人。这个角色像你眼中的别人一样,在类似情况下可以采取有力的措施,并带来积极的影响。

在给这个角色取名字后,你可以设计一个新的剧本来描述你可以实现的行为上的改变。比如,与其在权威面前闭嘴沉默,不如像剧本里的人一样自然地说话,就像在和朋友交谈一样。与其习惯性地接受责备,不如像剧本里的人一样评估情况来确定责任所在。剧本里的人物能面对冲突并解决它。

在写剧本时,你可以把一个自我价值权变性的价值观转变成一个有建设性的方案。与其根据外在条件来定义你的价值,不如把这些条件转变成有价值的目标。比如,将提高成绩当作目标,而不是将自我价值与是否获得全优绑定在一起。如果你想改善人际关系,那就拼尽全力实现这个目标。想想剧本里的人会怎么做!

练习 写一个新的剧本

给自己取一个新的名字,但是要保密(这就好像一个演员为了角色而使用的另一个名字)。在写剧本的时候,要给出明确的信息,包括角色的言行、谈吐和为人处世。下面是一些提示。

1. 描述一下通常你在焦虑的情况下的表现。这恰恰是你要改变的地方。请使用第三人称来写(用"他"或"她")。

   _____

   _____

2. 写一个新剧本,其中包括了你想要做出的改变。描述一下这个角色在这些特定场合都会怎么做。思考一下,如果不想感到害怕，那么这个人会怎么做？这个人的思考方式、感受和做法会变得不同吗？描述一下这个人采用的解决问题的方法。

_____
_____
_____

3. 在写剧本的时候，要明确你如何能在维护自己利益的同时给别人带来积极的影响。这个角色如何运用他（她）的声音和肢体语言？如何评估风险？如何表达想法和感受？

_____
_____
_____

对剧本进行大约两周的测试。在结束的时候，你就会知道该放下什么、改变什么和什么是对的。如果这个角色的某个特性一直以来都起到积极影响，那就继续保留它。如果这个角色的某些部分不合适，则修改它或删除它。

尝试一下吧。看看自己能有什么进步。如果你把自己的积极变化看作"装模作样"，那你的自我认知正被这个消极的想法所控制。但毋庸置疑的是，你能做到的事情都是在你的能力范围之内的：如果你能假装不焦虑，那就证明你能够做到不焦虑。

你的进度报告

写下你从本章中学到了什么，以及你打算采取什么行动。然后记录下采取这些行动后的结果和收获。

你从本章学到的三个关键观点是什么?

1. _____
2. _____
3. _____

你能采取哪三种行动来对抗某种特定的焦虑或恐惧?

1. _____
2. _____
3. _____

你采取这些行动后的结果是什么?

1. _____
2. _____
3. _____

你从采取的行动当中收获了什么?你下次会做什么样的调整?

1. _____
2. _____
3. _____

第 22 章

从社交焦虑到社交自信

面对人际关系时,你是否感到局促不安,手足无措;是否因为自己犯了社交禁忌而担心自己看起来像个傻瓜;是否总是在社交聚会上躲在人后,希望没有人能注意到自己;是否在与人交往时脸红心跳,过于拘谨。

我们能否从社交焦虑与恐惧转变为镇定自若呢?了解一些方法并且付出行动可以让你在参加婚礼时,与同事一起吃午饭时,与心上人见面时,或是在任何能够引起你焦虑的社交场合都保持镇定。通过运用一些被证实过的认知、情绪以及行为上的方法,你就能在特定的场合直面社交恐惧,并且化解这种恐惧。

认知行为疗法对于治疗社交焦虑症是卓有成效的。神经影像学研究表明,使用认知行为疗法治疗社交焦虑后,大脑中会产生某些积极的变化。

社交焦虑与恐惧

即使是最自信的人也会有怯场的时候,但社交焦虑和恐惧不仅仅会让人紧张不安,还会让你担心自己说不出话来,害怕自己在社交场合笨手笨脚,满脸通红,更怕别人觉得自己很无趣,看起来像个傻瓜。每次参加社交活动时,你都感觉好像走进了一间刑讯室。

缺乏社交自信，你也许会避免接听电话或报名参加一门课程，因为待在不认识的人身边会让你感到不自在。同样的，你也可能会在与别人闲聊时觉得很尴尬，在被点到发言时感到窒息，总想着赶快结束。

在心理学上，社交焦虑的核心至少有三个主要部分：首先，在自己害怕的社交场合中，你会感到情绪失控。接下来，你在心中预见别人将会对你评头论足，全盘否定。最后，你害怕这种预测会成真，从而让你在身心上感到不愉快。在经历了以上所有的精神和情绪躁动后，你也许就会为了避免预期中的不自在和尴尬而躲避社交场合。

控制是一种跨诊断因素，它可以跨越不同种类的社交焦虑，是认知行为疗法的主要目标。比如，若你相信自己可以控制自己，可以不顾及他人的想法接纳自己，也可以承受紧张带来的生理感受，那么你就可以尝试去自己通常会回避的社交场合。这种提倡"控制"的应对理念，能极大地缓解你的社交焦虑和恐惧。

社交恐惧症的真相

如果你因患有社交焦虑症而备受折磨，那么你并不是一个人。在一生中曾患有严重社会焦虑和恐惧的人占美国总人口的12.1%。然而，实际患病率可能更高。可能有更多的人会因为害怕冒犯别人，担心自己看起来很糟糕，或者害怕因为一些细枝末节遭到他人的反对而限制自己的人生。真实的情况是，许多患有社交焦虑症的人会通过伪装自己来避免尴尬。

社交焦虑和恐惧通常始于童年或青春期。某些研究表明，男性和女性受其影响的概率大致相同。而其他研究称，女性更可能患有社交恐惧症。女性更倾向于将社交恐惧症归咎于自身原因，而男性则更倾向于责怪他人，并通过酗酒来缓解焦虑。

严重的社交焦虑会极大影响你选择配偶、职业、休闲方式以及生活质量。患有社交恐惧症的男性倾向于晚婚,并限制自己的工作机会。社交恐惧症不仅会限制女性的职业生涯,通常还会限制她们选择自己的配偶:患有社交恐惧症的女性倾向于尽快安定下来,而不是挑选一个良配。

社交焦虑并发症

实际上,社交恐惧和焦虑总会带来一些并发症。其中,抑郁症与完美主义很常见,酗酒也很常见。

你和社交焦虑

除了纽约大学神经科学家约瑟夫·勒杜在 2012 年发现的人体内的生存回路,我们还有一个类似的社交脑回路。社交脑回路中不同脑区之间复杂的神经连接让它们可以处理与社交相关的信息,比如面部表情、社交情绪和社交互动。有了这些结构,再加上我们天生的适应能力和长期的发展过程,使得我们可以在社交环境中学习社会规则、规范和责任。在这一漫长过程中,有些人因为过度担心他人的看法,或是因为对社会评论感到过度焦虑而画地为牢。

人生在很大程度上会受到观念与情绪的影响,因此,我们期望自己根据所处的社会环境产生相应的情绪与行为。然而,有些令人痛苦的社交情绪,比如社交焦虑、害羞、尴尬,都与错误的期望和观念有关。一旦这种焦虑和恐惧贯穿于你的社交生活,那么克服这些干扰绝非易事,尤其是当你期望从社交中获得更好的体验时。

你的社交焦虑和恐惧是否需要调整呢?你可以通过测试来检验一下。下面这个社交恐惧清单选取了社交焦虑者们某些普遍的想法、感觉与行为。通过这个清单,你可以更加了解自己的社交焦虑和恐惧,并据此做出改变。

盘点你的社交恐惧

说明：根据每一个选项描述的准确程度，以 1~5 的等级对每个陈述进行评分：1 代表"完全不符"，2 代表"不太符合"，3 代表"有点符合"，4 代表"大都符合"，5 代表"非常符合"。

1. "遇到一个陌生的人，我会感到很紧张。"	1	2	3	4	5
2. "我怕在公众面前出丑。"	1	2	3	4	5
3. "我没有什么可以帮助到别人的。"	1	2	3	4	5
4. "别人比我更善于交际。"	1	2	3	4	5
5. "一旦别人真的了解我，他们就不会喜欢我了。"	1	2	3	4	5
6. "当有人看向我时，我会躲避他的视线。"	1	2	3	4	5
7. "我怕在别人面前犯错。"	1	2	3	4	5
8. "我对自己的社交能力感到不安。"	1	2	3	4	5
9. "我在与人交谈时感觉很紧张。"	1	2	3	4	5
10. "我不擅长与人聊天。"	1	2	3	4	5
11. "我担心即将到来的社交活动。"	1	2	3	4	5
12. "我在权威面前感到害怕。"	1	2	3	4	5
13. "我会觉得别人认为我很奇怪或者愚蠢。"	1	2	3	4	5
14. "我过于在意别人对我的看法。"	1	2	3	4	5
15. "我不敢接电话。"	1	2	3	4	5
16. "我担心去公共浴室。"	1	2	3	4	5
17. "我害怕在社交场合表现出恐惧。"	1	2	3	4	5
18. "我在意别人怎么看我。"	1	2	3	4	5
19. "和不熟悉的人在一起，我感觉很不自在。"	1	2	3	4	5
20. "我怕让别人看到我害怕。"	1	2	3	4	5
21. "我很在意自己的外表。"	1	2	3	4	5
22. "我独自在餐厅吃饭会感觉不舒服。"	1	2	3	4	5

(续)

23."进入一个已经有人就座的房间,我感到很焦虑。"	1	2	3	4	5
24."我害怕受到批评。"	1	2	3	4	5
25."当我在一群人中受到注意时,我会感到尴尬。"	1	2	3	4	5
26."和有魅力的人在一起时,我会不知所措。"	1	2	3	4	5
27."如果谈话节奏变慢,我会感到焦虑。"	1	2	3	4	5
28."排队时我会感到不自在。"	1	2	3	4	5
29."我害怕参加正式的社交活动。"	1	2	3	4	5
30."喝了几杯酒(或者喝醉)后,我会更有勇气。"	1	2	3	4	5
31."我不符合别人的标准。"	1	2	3	4	5
32."我在团队中没有存在感。"	1	2	3	4	5
33."在和陌生人交谈时,我会变得结巴。"	1	2	3	4	5
34."为了避免和熟人打招呼,我故意躲开。"	1	2	3	4	5
35."一想到要在一群人面前讲话,我就感到恐惧。"	1	2	3	4	5
36."当和我在一起的人把注意力引到自己身上时,我想隐藏起来。"	1	2	3	4	5

评分为 4 或 5 的选项代表你在这方面存在着问题。如果你选择了十个及以上评分为 4 或 5 的选项,那么你可能面临着普遍的社交焦虑。但你完全可以克服它。跨诊断疾病的核心表现为情绪失控焦虑、评估焦虑或对尴尬和恐惧的焦虑。只要克服了社交焦虑的核心,比如评估焦虑,你就可以在社交场合中感到轻松自在。

如果你从不进行社交,那么你面临着一个严峻的挑战:你可能会错失建立理想社会关系、了解正面社会信息、为集体建言献策以及走上一条令人满意的职业道路的机会。避免社交焦虑的过程是如此自然而然,以至于你可能都不会注意到自己为逃避不适做出的努力,因为它们已经在不经意间融入了你的生活。

通过自己的观察,细细反思一下自己的社交生活,再结合前面的测试结果,你最严重的社交焦虑或恐惧是什么?写下来,努力克服它。

在尝试缓解社交焦虑后,你可以重新回顾这个清单以检验成效。

社交尴尬症

有些人会在社交场合中感到尴尬。因此,他们常会为了避免尴尬而采取一种更安全的行为,或是去一个更安全的地方。社交尴尬有很多种不同形式。

◎ 汤姆和鲍勃的故事

汤姆和好友鲍勃一同前去参加新年派对。他们两人都对和女生聊天感到不自在,但彼此之间的交流倒是很融洽。

汤姆在一群人中看到了莎莉,于是便深深地被她吸引住了,想上前和她搭话。为了给自己壮胆,他猛地灌下几杯酒。汤姆心想:我得喝几杯酒才能放松下来。但事实上他却仍是犹豫不前。之后,他向鲍勃抱怨,像莎莉这样的女生为何如此难以接近。夜晚将至,他和鲍勃离开了派对,两人仍在醉酒中争论女生是否应该主动接近男生。

◎ 朱妮的故事

朱妮为人热情,落落大方,见到陌生人也毫不拘谨。尽管朱妮在社交场合与人见面、交谈时感觉很自在，但她有严重的公众演讲焦虑。因为害怕在员工与客户面前讲话，她拒绝了升职的机会。她能想象到自己面红耳赤，张口结舌，然后丢脸地从台上跑下来的场景。她说，她宁愿在牢房里待一年，也不愿意发表一次演讲。

◎ **唐的故事**

唐和艾伦正在他们最爱的餐厅里甜蜜地约会。艾伦对于这场约会非常高兴，于是就表现的激情澎湃，滔滔不绝。但唐却觉得她太吵闹了，肯定会打扰到其他顾客，于是便指责艾伦的说话声音太大了。艾伦觉得唐的价值观很不正常：她是和他一同回家的人，而不是坐在邻桌的陌生人。

汤姆、鲍勃、朱妮和唐有什么共同点呢？他们每个人都过于在意自己，都期望得到别人的评价，都担心会被他人拒绝，也都遭受了由社交焦虑引起的不适与恐惧。

专家贴士　不要付两次通行费

亚特兰大心理治疗师埃德·加西亚看待社交焦虑的方式很巧妙——他把这种焦虑看作是在通过一座桥时付了两次通行费：

"我们来假设一下，你因为害怕自己格格不入而担心去参加朋友的婚礼。当你去参加婚礼时，你确实会感到不自在，与周围的人和不来，然后会退缩到角落。在这个例子中，代价一是你因为对此事的预期而感到的焦虑，代价二是你在婚礼上将会经历恐惧。

"只要克服了对恐惧的焦虑，那么第一次通行费也就不用交了。在此之前，你可以先从自己对'不自在'的定义开始思考，想一想自己感到不自在的原因。这么做的目的是为了避免交第一次通行费。

> "在婚礼现场，质疑并去掉'我感到不自在'的想法能够大大减少甚至消除第二次通行费。如果你想更进一步，你可以在婚礼现场向三个及以上的陌生人介绍自己，并与三个熟人聊聊天。这种自我曝光的方式能很好地帮你克服出席社交活动的恐惧。
>
> "一旦这两个担忧都消失了，你甚至有可能享受社交活动。"

消除社交焦虑的五十种方法

一些惧怕社交的人认为自己是会招人鄙视的不速之客。因为害怕让别人不高兴，他们做事时总是不想引人注目。如果你发现自己已经陷入了社交情感困境，你会怎么做呢？以下是克服社交焦虑的五十种方法：

坚持与恐惧做斗争。 害怕恐惧是一个恶性循环。但如果你能够忍受暂时的不适感，那么你会发现自己可以战胜它。学会控制情绪是在社交场合中更自在的前提。

保持你的洞察力。 避免专注于自己的恐惧。相反，你可以询问别人关于他们自己的问题。然后你会发现，人们总是非常乐意谈论自己。

小心你的忧虑。 在你担心自己表现不佳时，引导自己暂时不对此做评论可以消除忧虑。接下来，假装自己能够与大多数人进行正常沟通。

停止错误的预测。 一旦犯了社交错误就感觉天快要塌了，这不过是你想象中的危机，但这种错误的预测带来的焦虑却是真实存在的。不过，你可以努力改变这种错误的想法。

避免事先焦虑。 如果你总是习惯性地夸大潜在的危险，那么你可以想象自己打破这个焦虑放大镜，然后你想象中的灾难也就消失了。

提升你的措辞表达。像"如果我在社交场合出了错,我会永远蒙羞"这样的夸张性表达是一种极端消极的概括。你可以故意犯一个小错误来告诉自己:出错误并不意味着世界末日。

注意你的定义。如果将社交活动看成是一个可以尽情"犯傻"的场合,你或许会更加放松。一旦能以更积极的态度重新定义这件事,你就会感觉更好。

坦然接受尴尬。你的感觉或许是真实的,但它们与事实并不完全相同。如果你担心在社交场合尴尬,你要知道,也会有人因你的言行举止而着迷。试着用"随它去吧"的态度,坦然接受这一切。

避免自我设障。不要以"自己肯定会失败"为借口不去参加社交聚会。相反,你可以想象自己与他人密切交流的场景。

挣脱多余的束缚。你可以从一些基本的事情开始练习,比如在人群中介绍自己。

缓解自己的胆怯。试着逐步与人交往,而不是完全断绝社交。

突破自我。与其被动地等待别人帮助你,不如大胆地主动参与进去。

放轻松。你不必每次都能语出惊人。

试着融入别人。你可以对发生在附近的事情发表评论,比如天气。

克服矛盾心理。问问自己:有哪些话该说,哪些话不该说?这样,你就能在谈话中从容不迫。通常情况下,你认为自己该说的话也就是合适的话。

少怀疑。不要事后怀疑自己是不是说错了话。如果你有任何疑虑的话,可以直接说出来。

不要让大脑一片空白。随时和别人打招呼问好。

不要害怕被否定。通常情况下，害怕被人否定是一种人为虚构出来的恐惧。就算别人有理有据地否定了你的一个想法，你其余的想法仍是合理的。

把害羞当作一个积极信号。与其冷眼旁观，不如将他人视为自己潜在的朋友。

避免过于谦虚。养成定期向他人展现自己的习惯，你可能就不那么容易脸红了。

避免过于谨慎。不要把自己封闭起来。你可以假设自己会遇到一些友好的人，然后再试着证实这一点。

接受自己的害羞。如果你天生就容易害羞，那么消除害羞是不可能的。但是，你仍然可以试着去控制害羞。你可以试着通过提问的方式来发现别人的特殊兴趣。这样的话，即使你很少谈论自己，别人也可能觉得你是一个健谈的人。

不必表现得很勇敢。尝试以一种不那么咄咄逼人的且低调的方式与他人交流。

不要指望立即得到别人的认同。如果你在社交场合很慢热，你要知道这很常见，一点都不奇怪。

别责怪你的杏仁核。社交焦虑与敏感的杏仁核有着相互的关联。但你可以让自己习惯社交焦虑，从而保护自己免受非必要压力的伤害。这意味着，你要多次练习与他人交流，直到自己不再害怕。

忽略自己的心跳声。倾听自己心跳声会提醒你自己有多么紧张，让你难以关注事情本身。你唯一要做的就是全身心投入，因为你的心脏会一直安然无恙。

注意你的肢体语言。习惯性地向下看会显得你缺乏安全感。抬起头，环顾四周，不要盯着一处看，这样可以显得你信心满满。

点头以示同意。点头表示赞同。大多数人都喜欢被人认可。

试着微笑。回想一些让自己愉快的事情,然后绽放出微笑。

不要过度解读面部表情。根据面部表情来猜测说话者的意图和想法是一件很危险的事情。我们确实生来就喜欢解读面部表情,但有时这并非一件易事。

关注事实。从只关注自我转变为对身边事物的客观观察,并据此做出回应。

重新评估。为了尽量避免被人拒绝,你需要给他人留下良好的第一印象。提前为塑造良好印象做打算,然后就不要计较结果了。

放弃错误的期望。你无须成为派对中万众瞩目的焦点。

转换思维。如果你害怕被彻底拒绝,与其在角落里默默无闻,不如假设自己只要有 10% 的参与度,就能得到 100 万美元。我打赌你一定可以做到的。

不要觉得自己必须占主导地位。向别人展示自己的兴趣,分享自己的某些想法,然后聆听别人说话。当你对某个话题感兴趣时,发表你的看法。

准备好接受惊喜。你可能会在偶然之间与别人建立联系。

不要只想着说话滴水不漏。接受鸡尾酒会综合征这一概念。人们很少会停留在一个话题上,而是习惯不断地加入新的讨论。

不要等待交际机会。在冒险之前要是总想保持舒适,那么你大概率会失败。这也是拖延的一种形式。你可以先试试水,然后再看看自己有没有在社交场合感到舒适。

淡化自我意识。你可能比任何人都更了解自己的心境。

将焦虑与场景区分开。如果你仅在某些情况下感到社交恐惧,那么在其他情况下,你的内心会发生哪些变化呢?

消除自卑感。与其在意你自认为缺乏的东西,不如发挥自己的优势。

训练自己最擅长的社交能力。 把它们一一列举出来，然后每次参加社交活动时都运用其中之一。

消除羞耻感。 你并不是完全毫无价值，但你总觉得你不是自己想成为的人。

消除非理性的内疚感。 因为仅自己能发现的错误而谴责自己是愚蠢的。

要敢于说出来。 一旦你试着练习说话，事情会变得更容易一些。

不要努力找缺点。 对应你在自己身上发现的每一个缺点，找一个别人注意到的你拥有的优点。

别害羞。 逃避可能会引来别人的负面关注。

未雨绸缪。 提前准备好与社交紧张共处。最终，你会经历越来越少的焦虑。

远离酗酒。 被酒精麻痹的感知容易造成麻烦和紧张情绪，而紧张情绪又会进一步引发酗酒问题。

意识到自己无法成为万人迷。 没有人能在任何条件下都取悦所有人。

望向镜中自我

社交焦虑与你如何看待自己以及自己在公众面前的形象有关。然而，你或许认为别人也将以同样的方式看待你。这就是"镜中自我效应"。你如果在社交场合感受到了过多的消极信息，那么你对别人如何看你的想法会反映你的焦虑程度。

你可以对其他人的想法、感受、意图以及动机做出合理的猜测。我们能够感知他人欲望、情感和意图的能力被称为"心智理论"。"心智理论"还考虑到了一点，即某些人的兴趣、想法和动机与你有所不同，也与你对他们的期望有所不同。

与其接受"镜中自我效应",不如有把握地推断:某些人的想法与你对他们的猜测不同。从这个角度来看,你可能就不再会断定别人对自己的看法。相反,若你无法确定自己是对是错,以及别人对你的印象是好是坏,你将不再透过那面变形的镜子向外看,而是通过真实的镜头看得更清楚。

不夸大社交焦虑

使用如"可怕的""无法忍受"之类的夸大性表达,你的社交焦虑会增加,因为你在向自己表述你对未来事件或已发生之事的感受。在这种自我惊吓的心态中,你的不适感会"非常强烈",你的表现"糟糕透了"。然而,有时情况可能没有完全那么没有糟糕。

你可以使用阿尔伯特·埃利斯的"ABCDE方法"(见第11章)来克服包括自我惊吓在内的焦虑感,下面这张表是关于如何用"ABCDE方法"来避免夸大糟糕的音乐表演的后果的。

用 "ABCDE 方法" 来避免夸大糟糕音乐表演的后果

逆境或触发事件:进行了一场糟糕的音乐表演
对于事件的合理信念:"我希望自己能够做得更好,但不是所有事情都能如愿以偿。"变化,而不是完美,才是生活的真实面目
合理信念带来的情绪和行为后果:对结果感到失望和不满。通过查看反馈并利用这些信息,从而对未来的表现做出改进
对于事件潜在的错误信念:"这太可怕了""我是个失败者""大家讨厌我""我没脸见人了"
潜在错误信念的情绪和行为后果:自我厌恶、焦虑、回避今后的音乐表演

(续)

反驳潜在错误信念：

从驳斥"演出精彩一定更有益的想法"开始，以下是对四种灾难性想法的反思：

1. 情况真的有你想的那么糟糕吗？答案：如果"糟糕"意味着坏到极致，你能想象一种比这更糟糕的情况吗？或许可以，比如：你在展示的过程中失明；你们当地的报纸在头版头条上批评你的工作很糟糕。意识到一些更糟糕的事情本可能发生，这样可以给你带来很大的帮助。或许你很难接受现状，但你也无须让自己焦虑不已。

2. 你认为演出失败的想法是否具有实证性呢？答案：演出失败的结论是"非黑即白"思维模式的延伸，即仅从一个事件表现就可以得出一个人要么成功要么失败的结论。怀有这种想法是荒谬的，因为它暗示着某个事件将永远标志着你的成就。然而，人们可以通过努力提升自己来做得更好。

3. 你的"观众会因为你的表现而讨厌你"的想法是合理的吗？答案：以望向镜中自我的方式认为别人对你的看法和你自己对自己的看法一样意味着你必须拥有强大的权力，但事实上你不可能拥有这种权力。一场表演——无论是否完美——都无法定义你是谁。

4. 你的想法——"我永远无法对此释怀"——看起来是合理的吗？答案：如果你认为自己会一直把这件事情牢记在心，这意味着你所做的事情极其令人难忘，以至于在 30 年后，可能会有人对你说："你不就是那个表演很糟糕的人吗？"想想看，这种情况发生的概率有多大呢？

驳斥练习的效果：承认对自己的表现感到失望，接受在公开场合表演的结果无法预测的现实。减少自我惊吓和负面情绪。愿意不断努力提升自己的音乐水平并再次在公共场合表演

你可以运用"ABCDE 方法"来对抗所有增加社交焦虑的糟糕的且非理性的想法。

练习 社交焦虑"ABCDE 方法"练习

描述一个逆境或触发事件（对于即将发生或已经发生的社交事件），并列出你对此事的合理的信念以及由此引发的情绪和行为后

果。再写下让你焦虑的信念以及由此引发的感受及行为后果。然后，试着去反思这一令你焦虑的想法并写下这样做的作用。

对非理性社交焦虑信念的 "ABCDE方法" 解决方案

逆境或触发事件：
对于事件的合理信念：
合理信念带来的情绪和行为后果：
对于事件潜在的错误信念：
潜在错误信念的情绪和行为后果：
反驳潜在错误信念：
驳斥练习的效果：

你的进度报告

写下你从本章中学到了什么,以及你打算采取什么行动。然后记录下采取这些行动后的结果和收获。

你从本章学到的三个关键观点是什么?

1. _____
2. _____
3. _____

你能采取哪三种行动来对抗某种特定的焦虑或恐惧?

1. _____
2. _____
3. _____

你采取这些行动后的结果是什么?

1. _____
2. _____
3. _____

你从采取的行动当中收获了什么?你下次会做什么样的调整?

1. _____
2. _____
3. _____

第23章

应对混合性焦虑和抑郁

你是否觉得你的生活陷入了痛苦之中？你是否认为自己就是墨菲定律的一个典范，即当你认为某件事会出错，它就会出错？你是否长时间处在不安和忧郁中，如果是这样的话，那你可能有混合性焦虑和抑郁。

当焦虑和抑郁结合时，你会觉得心烦意乱，认为自己的生活一塌糊涂。而且对麻烦和不适的容忍度也会非常低。如果这些不加以解决，那么焦虑和抑郁将一直存在。

无论你是寻求专业帮助、自救还是同时从两方面入手，了解基于实证的可以同时治疗焦虑与抑郁的方法对你都会很有裨益。你有理由保持乐观，这一章节首先介绍关于混合性焦虑和抑郁的研究发现，其次帮助你认知并且战胜在焦虑与抑郁中无力的思想状态。

关于混合性焦虑和抑郁的研究发现

如果你患有混合性焦虑和抑郁，你要明白你不是特例，因为这种情况是很常见的。两者同时出现的概率高达50%到80%，抑郁会使人增加悲痛感。

当焦虑症与抑郁症同时存在时，人们通常先患有焦虑症。据报道57%的人是先患上焦虑症再患上抑郁症的，18%的人反之。但不管是先患上哪一种，你都可以通过认知行为疗法来缓解症状。

减少焦虑的举措可以帮助缓解抑郁。比如，在医学环境下，认知行为疗法和相关的来自实证的方法对于患有抑郁和焦虑症的人是有效的。如果你同时患有焦虑与抑郁症，你只需要治疗焦虑症，而不需要直接治疗伴随焦虑而产生的抑郁症。如果你还患有恐慌症，那么治疗焦虑症与抑郁症都会对缓解恐慌症产生影响。

阅读疗法对小群体的抑郁症患者是有帮助的。如果是专门针对抑郁症的治疗，你可以采用认知行为疗法以影响大脑中的高级功能，而这个功能和减少抑郁有关。

面对无力感思维

焦虑因其类型和背景而不同，同样，抑郁也有不同的类型，如非典型抑郁、慢性低度抑郁、季节性抑郁、重度抑郁和双相抑郁。还有一些抑郁伴随压力而生。但是无论患有哪种类型的混合性焦虑和抑郁，通常这些患者在思想上都会有一个扭曲的思维模式，如无力感思维，通过改变这种思维模式可以同时减轻焦虑与抑郁。

强调一下，思维的无力感就是你无法控制自己和情绪，在这种心理状态下，那些已经糟糕的事情或者你担心会变糟的事情会变得更加糟糕。你很担忧，你的前途看起来一片灰暗，你害怕你的悲痛挥之不去，你心烦意乱到了极点，你暗示自己注定会失败，你想要放弃。如果你仍然坚持这种宿命论的观点，那么它可能会不断放大你的不幸。

个体心理学的创立者阿德勒说："人不会改变他的行为模式，而是兜兜转转，不断扭曲自己的经历，直到他们的经历与自己的行为模式相契合为止。"如果共生焦虑与抑郁持续发作，你可能会觉得你没有能力去改变现状，并且陷入悲观的再三拖延的深渊，从此再也不会去尝试改变。

当你潜意识里就认定自己做不到的时候，你就真的做不到了。这并不是说你没有能力去做出改变，而是你不想为此去尝试，因为你心里已经为自己打上失败的标签了。即使生活中有一些事情是你无法掌控的，但是瑞典有一句老话说得好："你无法阻止悲伤之鸟飞过你的头顶，但你可以阻止它们在你的头发上筑巢。"

审视无力感思维

每个人在世界上都会经历痛苦，悲剧一直存在。你后悔那些已经发生了的事情，但是却无力改变，这时候它就是一个双重打击，你沉浸在悲痛中出不来。你可能认为自己没有能力从绝望中走出来，这时候你需要改变这种思想。正视那些已经发生的事情，慢慢地学会接受它。随着时间的推移，你可以把痛失的打击转变成一个悲伤的回忆。

然而，方法和实操却是两码事。当焦虑症发作时，你可能会拖延去试验那些不错的治疗方案。你暗示自己处在巨大的悲痛之中，当无力感思维占据主导地位时，你就不会再想尝试了。但是认为自己无力并不代表着这是真的。

寻找一下你思维中的矛盾点是有帮助的吗？比如，你觉得自己无力应对，但你能想到一个你有效地应对挑战，并以不同的方式看待问题的时刻吗？如果有的话，那就证明你是可以控制自己的想法的。

当你被外部不可控因素刺激时，你无力掌控自己的情绪。"杰克把我惹生气了"，但是如果是他惹你生气而你又对他无能为力的时候，你应该做的就是找出自己的问题：我是如何看待他的行为的？我是不是哪里搞错了？

接受无力感思维

猫可能会抑郁，但是绝不会认为自己无能为力，或者以此衡量自己身为猫的价值。然而，当人患上抑郁症时，却会否认自己有创造美好未来的能力，这种思想加剧了你的抑郁，使你无力做出改变。

可是，你可以告诉自己那些想法也只是想法而已，有些想法是悲观而极度夸大的，它们会以不同的形式呈现出来。

练习 应用翻转技巧

应用翻转技巧来发展自己更现实地看待问题的视角。比如，你若能以一种新的方式修补一个碎掉的花瓶，那你就不是无力的。同样地，能对自己的想法进行反思也说明你还是可以有所作为的。

把这种无力感思维当作尘粒扫出门外是可能的吗？你能想象这些想法像被闪电击中的事物那样被摧毁吗？

应用翻转技巧，你或许会发现这种无力的状态只是暂时的。倘若你能创造可怕的意象，那你同样可以运用这些意象去改变悲观的思想。即使这种意象像地平线上飘来的乌云，你也可以把自己与这种消极认知区别开，仅仅只是去评判这些思想本身，而不是你本人。

即使有证据表明你是可以做出自愿改变的，你也可能依然认为你无法做到。那么如何来调解这之间的矛盾呢？或许答案就是承认你可以转变那些你不想要的思想、感觉和行为，即使这一过程是十分困难的。

运用 PURRRRS 计划

你可以使用第 20 章中所介绍的 PURRRRS 计划，针对混合性焦

虑与抑郁中的无力感思维制订一个计划。方法如下:

暂停:一旦察觉到这种无力感思维,那就抽出点时间去解决这个问题。

利用资源:把自己置于解决问题的心态中,此时的问题就是你的无力感思维。写下或者用录音机记下你当时的想法,方便之后去回顾它们。

反思:读或者听你记录下的想法,然后去反思你的那些念头,有没有哪一部分是假想?比如,你是否告诉自己你无法提高解决问题的能力?这些念头是否更坚定了"无力改变"的想法,如果这样的话,那就继续探索下去。

推理:想想那些无力感思维的例外情况,你是否在认定自己不行之后,发现自己其实是有能力的?你是否有能力去接受那些你不喜欢的现实?

回应:你采取什么措施去应对无力感思维?第一步是什么?下一步是什么?你能依据"ABCDE 方法"的分析转变自己的想法吗?(参阅第 11 章节)

回顾:如果你制订了很好的计划却拖延了呢?当你陷入这种拖延行为时,无力感思维是否会让你无法坚持,比如你认为自己无法坚持,然后就真的完不成了吗?

但是你怎么能在做好充足准备、已经开始计划、甚至取得进步的时候,不能坚持到底呢?反思的过程能使人顿悟。现在带着你的反思重新调整计划,然后再尝试一次!

巩固:日常生活中不断努力去挑战自己各种形式的无力感思维,反思哪一个方法适合自己然后重复练习。练习、练习,反复练习以加强自己的意志力去应对虚幻的无力感思维。

利用 PURRRRS 计划对抗无力感思维

使用 PURRRRS 计划制订应对无力感思维的计划
写下想要摒弃的具体的思维模式,使用 PURRRRS 计划攻克它。
目标思维:_____

个人 PURRRRS 计划

PURRRRS 计划	行为
暂停:意识到自己的无力感思维,对自己说停	
利用资源:调动意志力以及其他资源来遏制自己向无理性思维妥协的冲动	
反思:思考发生了什么	
推理:推理并计划出你的行动	
回应:按照计划开始改变的行动	
回顾:回顾执行过程,调整并改进计划	
巩固:坚持这个进步的过程直至能掌控无力性思维	

专家贴士 如何说服自己摆脱焦虑

克利福德·N. 拉扎勒斯博士是多重模型治疗学家,《心灵谣言粉碎机:你不该相信的 40 个错误观念》一书的作者,以及新泽西州斯基尔曼拉撒路研究所的联合创始人。他阐述了关于焦虑与抑郁的两种错误观念。

"和抑郁症一样，摆脱焦虑同样是困难的。为了彻底治愈混合性焦虑与抑郁症，你需要采取一些具体的步骤，如了解并纠正两种常见的错误观念。由于焦虑通常先于抑郁出现，所以我将告诉你如何在焦虑演变成抑郁前就抑制住它。

"焦虑症患者往往会放大可怕的事情发生的概率以及糟糕事件的严重程度。首先，焦虑症患者经常会把鲜少发生的自然灾害当成高发生率的事件。换句话来说，他们混淆了事件发生的可能性和概率。第二个常见的认知错误就是他们会放大糟糕事件的影响程度。换言之，焦虑症患者往往认定一旦糟糕事件发生就会造成巨大的甚至毁灭性的后果。

"一旦你能控制并改正这些思维错误，你便能更容易地去面对和克服那些导致你焦虑的情况。需要强调的是，找出引发焦虑症的诱因是克服它的关键。

"要理解接触和面对是这一过程的关键，我们可以把焦虑看作一种心理过敏。如果一个人对环境过敏（如花粉、豚草或者宠物毛屑），那是由于他或她的免疫系统对这些接触物（过敏原）十分敏感。当接触到某些过敏原时，过敏患者的免疫系统不是有轻微或者没有反应，而是常有剧烈的反应，从而导致过敏发作的痛苦。

"对于焦虑症患者而言，并不是他们的免疫系统对某个心理过敏原（某些感知到的威胁或危险）的接触反应过度，而是他们神经系统的脆弱性，这往往会导致焦虑痛苦。就像过敏症患者可以通过逐渐增加过敏物质的剂量成功脱敏一样，对某些心理过敏原过敏的焦虑症患者也可以成功脱敏。

"你可以帮助自己通过逐渐接触那些诱发你焦虑的状况停止过度反应。比如，你若对犯错感到焦虑，那就在可控条件下故意犯错。像脱敏疗法一样，一段时间后你的神经系统就不会对那些曾经引发你焦虑的事物产生过度反应"。

你的进度报告

写下你从本章中学到了什么,以及你打算采取什么行动。然后记录下采取这些行动后的结果和收获。

你从本章学到的三个关键观点是什么?

1. _____
2. _____
3. _____

你能采取哪三种行动来对抗某种特定的焦虑或恐惧?

1. _____
2. _____
3. _____

你采取这些行动后的结果是什么?

1. _____
2. _____
3. _____

你从采取的行动当中收获了什么?你下次会做什么样的调整?

1. _____
2. _____
3. _____

第 24 章

防止焦虑、恐惧卷土重来

无论你的进步有多大,焦虑的思维模式和消极的感觉都不会完全消失。在失眠几个晚上之后,旧的焦虑习惯可能会卷土重来。

然而,这样的小毛病不会像以前那样强烈、持久和频繁。你能恢复得更快。如果你不能完美并始终如一地管理好自己的忧虑和烦恼,那么你就不必消极地看待自己或你的处境。正如俗话所说,跌倒了就再爬起来。

当事情出现逆转时,着眼大局会有所帮助。稍微观察一下,你就知道只要不让小挫折演变成大麻烦,就能够避免犯错和重蹈覆辙带来的双重麻烦。你也能发现,你拥有认知、情绪以及行为手段来维护对新旧焦虑的控制。你能够忍受紧张的状况,这不等同于喜欢它们。最重要的是,你能认识到生活不仅仅是与焦虑抗争,而在于你选择如何去面对它们。如果焦虑复发,这种宏观的思维方式可以帮助你合理地控制焦虑。

如果假定改变是一个过程而不是一个事件,那么你就能更容易接受自我提升和个人成长中的起起落落。这种看待改变的视角跟"只要退后一步,之前的一切努力都付之东流"的想法相比,会轻松很多。

每一个新的焦虑事件都是一次磨炼你的认知能力和情绪耐受性,

以及行为技能的机会。但你不必等待焦虑自发地复发后再练习，你可以经常利用本书中的技能来激发你最好的品质。

快速振作起来

这里有 5 个快速步骤，可以让你振作起来对抗正在出现的焦虑。你可以按任意顺序使用它们：

回顾本书每一章的关键思想、行动计划和练习部分。这个方法能让你快速找到最需要考虑和着手去做的事情。作为一种维持进步的手段，每当你面临焦虑的情况时，就回顾一下这份书面记录；你也可以当作预防措施，每月都对你的记录进行检视。

处理双重麻烦。当焦虑和恐惧再次出现时，双重麻烦往往如影随形。这种继发性的痛苦有多种形式：责备自己的退步，为自己的担心而担心，为不安而不安，为沮丧而沮丧。如果双重痛苦出现，应对之际，你会做很多事情来避免痛苦的进一步增加。

进行多模块治疗法（BASIC-ID）的回顾和检查。每个模块的检查结果如何？如果有一个地方有问题，那么问问自己能做些什么。然后，行动起来！该系统的先驱者阿诺德·拉扎鲁斯建议可将其作为早期预警系统，每月对自己进行一次多模块治疗法的检查（见第 18 章）。

利用 PURRRRS 计划来激发你的自我观察能力。当你通过 PURRRRS 计划来控制你的焦虑时，你就是让自己去控制结果（见第 20 章和第 23 章）。

使用"ABCDE 方法"挑战你的焦虑思维。随着你更多地练习"ABCDE 方法"（见第 11 章、第 16 章和第 22 章），你会更擅长使用它。当你的技能越来越熟练，你会发现使用它的必要性越来越小。

减轻你的生理适应负荷

日常生活的正常状态包括压力和对压力的调整，你无法避开这些。比如，当你跳进海里游泳时，你的身体会适应这种变化。当你堵在路上、落后于计划时，你会感到沮丧，你的身体适应了这种沮丧；而当突然通车时，你的身体也同样会适应这种沮丧消失的感觉。

洛克菲勒大学的布鲁斯·麦克尤恩教授研究了心理和身体之间的关系，以表明压力如何影响这个互动系统。他对健康和疾病中的生理适应负荷尤其感兴趣。生理适应负荷是你的身体为了应对各种来源于社会、个人以及环境的压力事件而在反复改变、重新适应的过程中产生的累积性磨损。通过减少不必要的压力，你可以改善你的健康。这是宏观上的好处。

生理适应负荷理论将更高的压力与疾病联系起来，而不合理的应对措施预示着更高的负荷失衡。肾上腺素持续但低效的激活或关闭以及其他应激反应会增加你患高血压、冠心病和糖尿病的风险。以滥用烟草、高剂量咖啡因和安非他命以及酗酒来缓解暂时压力的做法对缓解长期的压力没有任何作用，反而会损害你的健康。

你可以通过发展和加强自己应对真实的或者想象的威胁及逆境的能力来减轻心理压力。事实上，发展和应用有效地解决问题的技巧是控制焦虑的一种方式。减少压力和改善健康的行动包括运用某种健康的压力形式。这种压力是为了解决问题而产生的。但是你的目标是解决什么呢？

这一章的其余部分集中在三个主要领域——解放你的思想，强健你的体魄，建立积极的生活方式——从而减轻你的生理恒定负荷，巩固成绩并取得成功。

解放你的思想

把你的思想从一贯的错误中解放出来,比如欺骗自己可以逃避拖延的后果。学着辨析、消除认知扭曲,学着建立现实的评估技能,这是认知层面的方法。

重写剧本

你遵循的剧本对你的生活方式有很大的影响。比如,你若期望生活在幸福的泡泡里,那么现实情况中你可能会感到恼怒。阿尔伯特·埃利斯会怎么说呢?他建议无条件地接受自己、他人和生活。这可以归结为接受事物本来的样子,而不是你所希望或期望的样子。

13 世纪的神学家和哲学家托马斯·阿奎纳曾说过:"让我控制我能控制的,接受我不能接受的,并知道两者的区别。"换句话说,你无法阻止海浪拍打海岸,但你仍然可以建造沙堡或游泳。

创造性、建设性地思考

以下几个例子,告诉你如何在面对自己焦虑时,获得更多清晰的思考和建设性收获:

- 把任何因忧虑而让自己更忧虑的事情当作一种双重麻烦。准确的甄别和判断可以让这一过程更易理解、更可控和更易矫正。提醒自己容易犯错没什么大不了,这也有助于减少由完美主义思维引起的焦虑。

实践中立的观点

- 焦虑思维带来不好的影响;你可以通过评估或者驳斥这些想法来消除这样的影响。审视那些引起焦虑的信念而不评判自己,是一种负责任的行为。
- 寻找你思维中矛盾的地方,然后采取行动来解决它。比如,你若给自己贴上了一个退步的失败者标签，这是否意味着其他人也因为有同样的倾向而成为一个失败者？如果是这样，为什么？如果不是，为什么？当你试着这样做时，你可能会笑你最初的想法太过简单和以偏概全。

- 在你的脑海中构建一幅面对逆境也能站稳脚跟的画面。在面对不利的情况时，问问自己："这里有什么问题是我可以解决的？"想象你自己正在解决这个问题。然后做你在想象中做的事。
- 提醒自己，焦虑和恐惧的想法只是转瞬即逝的想法。它们是你此刻如何思考的一部分。它们既不会永远存在，也不会定义全部的你。

通过利用你的经验、洞察力和判断力来弄清楚你的内在和周围正在发生的事情，你可以继续做出积极的改变。

强健你的体魄

锻炼你的身体来缓冲多重压力的影响。这是生物层面的方法。为了增强你的体质抵抗压力和疾病，不要吸烟、不要使用非法药物或过度饮酒，定期进行牙齿护理，定期进行体检，每天至少锻炼30分钟，睡个好觉，合理饮食。本节将详细介绍这三个方面：体育锻炼、高质量睡眠和健康饮食。

体育锻炼

虽然有证据表明，锻炼有助于减少焦虑，但有规律的锻炼可能更像是一种整体的健康倡议，而不是减少焦虑的一种工具。有氧运动有助于减少你的生理适应负荷；随着有规律的锻炼，你可能会发现你的心率和血压也在下降，你的免疫系统将增强对疾病的抵抗力。即使是适度的锻炼——每周步行四天，每次30分钟——也会有积极的效果。锻炼也有短期的好处。体育锻炼后，你可能会感觉更好，注意力更集中，做事更专注。

怎么锻炼由你决定。你选择的范围很大：原地跑，划皮艇，骑自行车，在健身房锻炼，或者在风景宜人的河边小径上散散步——这样可以使心情宁静（见第 8 章）。令人振奋的音乐能够让你步子更大，活力更足，走得更快，可以考虑在走路时戴上耳机听听音乐。

高质量睡眠

睡眠不足在焦虑人群中很常见——可能高达 70%。较差的睡眠质量会损害你调节和减少负面情绪的能力。

没有足够的睡眠，你可能无法集中精力完成任务，也无法监控你与焦虑相关的想法和表现。疲劳、容易分心会导致你没有足够的时间完成重要任务，从而带来压力。此外，担心任务能否完成会影响睡眠。认知行为疗法提供了实证有效的方法来改善睡眠模式。

睡眠困难的原因有很多种，没有一个完美的方法体系可以完全缓解这种状态。尽管如此，认知行为疗法对于解决与焦虑和其他压力相关的睡眠问题还是很有用的。

假设你觉得工作压力很大，现在是午夜，你想平静下来，好好睡一觉。然而，你哀叹昨天的错误，你担心明天的问题。你会害怕你很可能今晚又失眠。你不想明天感到疲惫，你不想再担心了，这样你就能睡着了。你告诉自己，我不能再担心了，我得睡觉了。不过现在你觉得比以前更清醒了。你想停止烦躁，把自己从情绪的混乱中解放出来。你努力摆脱自己不想要的消极思想。你对自己说，我得睡觉了。我一定要睡着！你越努力，你就越痛苦。

同样地，如果有人告诉你不要想粉色的大象，你可能就会想到粉色的大象。为了摆脱这只粉色的大象，你可以分散自己的注意力。你可能会想到紫色的狐狸。然而，粉色的大象仍会留在你的脑海中。

你越想抹掉这一印象，它就越在你的脑海中闪现。

当你情绪激动时，你不太可能入睡。那么你如何入睡呢？从被动意志练习开始，在这个练习中，你要练习宽容的态度。这可以归结为：如果我想到一只粉色的大象，我就想到一只粉色的大象。那又怎样？通过放弃挣扎，你的脑海中可能就不再有这只粉色大象了。同样地，允许自己保持清醒，而不是试图睡着，你可能会发现你最终还是能够入睡的。

这里还有一些其他改善睡眠的认知、情绪和行为技巧：

- 遵循有规律的睡眠时间表。在你可能感到困倦的时候再上床睡觉。
- 要意识到，即使你担心睡不着，如果你躺着不动，你也会得到某种形式的休息。你可能会在不知不觉地醒过来又睡着，得到比你想象中更多的休息。
- 试着用白噪声来掩盖外界的声音。白噪声的一个很好的例子是由非运营的电视频道所产生的声音。调低音量，打开电视计时器，比如说定60分钟，60分钟后电视就会关机。
- 清醒时不要躺在床上。当你无法入睡时，就从床上爬起来。几分钟后回来。这样你可能会觉得更容易入睡。
- 每天下午进行适度的有氧运动。
- 睡前七小时避免摄入咖啡、可乐、茶、巧克力或其他含有咖啡因的物质。
- 睡前三小时内不要饮酒。晚上喝一杯酒会让你感到放松，让你更容易入睡，但随着身体分解酒精，你的睡眠质量就会降低。
- 在通风良好、室温为18℃到20℃的房间里睡觉。睡眠质量与体温下降有关联。

- 在睡眠被打断的时候放松身体。比如，挤压和放松你的主要肌肉群，这在一定程度上有助于睡眠的恢复。你可以同时想象有一团松软的云在天空中缓缓移动。
- 计划早上6：00~7：00起床。睡懒觉会增加患抑郁症的风险。
- 给自己找一些与消极认知抗衡的东西。你可以从一千开始，以三个数为间隔倒数，或为每一个消极的想法想一个积极的事件。
- 如果你经常因为回想前一天的考验和折磨而睡不着觉，那就采取一种应对的观点。当情况允许时，随时解决日常出现的冲突。

如果你知道或怀疑你的身体状况影响了你的睡眠，请预约医生。

健康饮食

积极的锻炼和保持健康的体重可以降低79%的心脏病风险。当你超重时，减肥似乎能全面改善健康。有一个值得注意的肥胖悖论：你可能有正常的体重，但体脂过高，这增加了你患冠心病的风险。

目前还没有关于超重是否会导致焦虑（对身体形象的自我意识）或焦虑是否会导致超重（通过食物来安慰自己）的明确研究。然而，这种情况的关键词是"有时"。有时是这样，有时又是那样。

不论超重是焦虑产生的结果还是原因，由它产生的对身体的额外压力都是一种生理负荷因素。

习惯吃得过多或吃得太少不会轻易让步于理智的进食，即养成明智的饮食习惯。尤其是当你感到焦虑时，你会用食物来安慰自己，或者当你对自己的外表感到焦虑，痴迷于减肥时，你会饿肚子。

设定你需要尽力才能达到的体重目标可能比设定太低的目标更

明智。然而，改变和维持健康饮食的过程才是关键。"无节食"节食计划就是一个你需要努力才能实现的过程目标。这个计划让你注意两方面的进程——如何通过健康饮食来强身健体——以及如何使多余脂肪降到最低。如果你体重过重，可以用这个计划来减肥；如果你太瘦，可以用它来增重：

- 设定一个理想的体重——你需要辛苦付出但最终可以达到的体重。
- 计划每天消耗的卡路里数量，你需要达到和保持的理想体重。
- 吃那些让你有食欲的食物，比例要适当，营养要均衡。

假设你是一名身高5英尺5英寸的40岁女性，体重150磅，你希望自己的体重达到125磅，以防止未来因体脂过高出现健康问题。你要适度锻炼。

适度运动的话，你每天需要消耗2100卡路里的热量才能使你的体重保持在150磅。如果你想让自己的体重保持在125磅，那么你每天要摄入1900卡路里的热量。在互联网上有许多免费的卡路里计算器，可以计算出在特定的运动量下，你想达到并保持你的理想体重每天所需的卡路里量。有些计算器会给你一个时间框架，告诉你需要多长时间才能达到你的目标。一般来说，你通过锻炼每消耗3600卡路里的热量就减掉1磅体重。你每多摄入3600卡路里就会增加1磅体重。

如果你和大多数人一样，不能完美掌控这个不节食过程，那么就预想在过程和结果中都会有出入，这样你就不会失望了。调整通常是必要的。如果你生病了，你可能无法进行适度的锻炼。不要追求完美。相反，应该努力改进这个过程。当你达到你想要的体重时，你会养成与体重相称的饮食习惯。

如果你每天测量食物的热量值，并计算它们的总量，这将是一个很大的挑战。相反，你应该让自己了解哪些食物卡路里含量较高，哪些食物卡路里含量较低以及更有营养价值。你可以尝试一种替代方法，用更有营养、更低热量的食物来代替使人发胖的食物。比如，你若每天吃一块高热量的布朗尼，那么肯定会增加脂肪，你可以用更健康的替代品代替它，比如一块黑巧克力。

注意，你不必放弃巧克力。事实上，可可多酚已经被证明对非焦虑型群体有镇静作用，下一步研究人员将研究可可多酚是否对焦虑水平较高的人有镇静作用。在一项小规模研究中，每天食用50克黑巧克力的护理专业学生报告称，他们的焦虑和沮丧在三天内有所缓解。

建立积极的生活方式

本书的一个基本主题是如何使用认知、情绪和行为方法来克服焦虑和恐惧。智慧、创造力和意志在这一过程中也很重要。利用这六个方面，你可以制订一个计划来防止你的焦虑和恐惧卷土重来，减少这些消极因素的影响是有益的。这里有一个例子：

一项预防性维护计划

预防因素	智慧	创造力	意志
认知	当焦虑和恐惧的想法被点燃的时候，认清它	通过认识和质疑矛盾之处来保持健康的观点。警惕双重焦虑的思维方式。寻找解决不协调的新方法	意志不是打个电话就可以获得的，但你可以创造条件来强化它。 关注你防止焦虑和恐惧再次出现的主要激励措施。这些措施在多大程度上起作用？

(续)

预防因素	智慧	创造力	意志
情绪	识别伴随焦虑思维的对不适情绪的回避冲动。如果你有回避的冲动,你能想出更好的方法来管理你的思维吗?	寻找合适的方式来接纳不适。建立一个自己积极处理不适情绪的形象,然后把接受不适作为你计划的一部分,将形象转化为行动	避免不适情绪的意志可能很强大。你还能调动其他什么情绪来摆脱不适感,不再害怕它?你是否有可能用强势出击来对抗想要退却的意志?你能想象自己直面恐惧吗?
行为	确定哪些行为源于焦虑的思考和感觉。你能采取什么行动来对抗它们?比如,与其因为害怕失败而退缩,不如果断地采取行动去征服恐惧	采取创造性行动可以加强对焦虑的二级预防。你能写一首诗来赞美预防的好处,从而引导你走上这条道路吗?你能创造性地列出预防性维护技术的待办事项清单吗?	想一想你从坚持不断地审视和更新你的认知行为技术来阻止焦虑-恐惧复发所得到的好处。把它们牢牢记在心里

练习 你的预防性维护计划

设计你自己的预防性维护计划,详细说明你将使用的认知、情绪和行为方法,以及你的智慧、创造力和意志,以避免焦虑和恐惧。然后把你的计划付诸实践。

你的认知-情绪-行为预防性维护计划

预防因素	智慧	创造力	意志
认知			
情绪			
行为			

大多数人可以从以下两个做法中受益：第一是减少生活中的消极因素；第二是向积极的且对你有启发的体验延伸，一旦你在这两个方向上取得了进展，就继续执行你的预防性维护计划。

> **专家贴士　尽早处理焦虑**
>
> 心理学家和南希·克瑙斯博士，也是《无所畏惧地求职》一书的合著者，分享了她预防焦虑的最重要的建议：
>
> 如果你对生活中的某件事感到不必要的焦虑，那么应采取预防措施来阻止焦虑站稳脚跟：
>
> 1. 看清楚什么是你生活中最重要的。它可以是家庭，可以是一种热情的追求。着重于你珍视的东西，而不是你害怕的东西。
> 2. 把你自己和焦虑症状分开。你不是一个焦虑的人。你是一个有时会经历焦虑的人，并且希望这种经历越来越少。如果你不认同你的焦虑，你就可以更自由地释放它。
> 3. 采取主动行动。采取你能采取的最基本的步骤来克服你所经历的焦虑。如果你在激励自己迈出第一步的时候遇到困难，提醒自己，你对抗焦虑的目的是防止焦虑干扰你生活中最重要的东西。
>
> 自我提升归结于这一点：专注于大局，学会享受生活。保持自我观察的视角，努力一下，看看你能在多大程度上推进那些让你受益的事情。寻找你能为他人的福祉做贡献的机会。通过这个过程，你不仅能生存下来，还会茁壮成长。

> **你的进度报告**

写下你从本章中学到了什么,以及你打算采取什么行动。然后记录下采取这些行动后的结果和收获。

你从本章学到的三个关键观点是什么?

1. _____
2. _____
3. _____

你能采取哪三种行动来对抗某种特定的焦虑或恐惧?

1. _____
2. _____
3. _____

你采取这些行动后的结果是什么?

1. _____
2. _____
3. _____

你从采取的行动当中收获了什么?你下次会做什么样的调整?

1. _____
2. _____
3. _____